UN256475

ファイナンスの理論と応用

資産価格モデルの展開

3

石島 博 著

日科技連

まえがき

本書は，筆者のコロンビア大学ビジネススクールでの在外研究の成果を踏まえ，最新のファイナンス研究の動向を反映した新たな体系より，「ファイナンスの理論と応用」について議論する全３巻のうち，最後の第３巻を構成します．

第１巻『ファイナンスの理論と応用１―資産運用と価格評価の要素』は，「１期間の投資」について論じ，続く第２巻『ファイナンスの理論と応用２―正規分布で解く資産の動的評価』では，それを「多期間・離散時点の投資」に拡張して，それぞれの設定下で「資産運用」と「資産価格評価」の議論をしています．そして，第３巻である本書『ファイナンスの理論と応用３―資産価格モデルの展開』は，前２巻で展開されたファイナンス理論の基盤となるさまざまな資産価格モデルについて，その学問分野の発展に沿って整理するとともに，最新の研究動向を踏まえて「展開」します．

本書の特徴は，全３巻を通して，ファイナンス理論の構築やその実証分析で利用される，確率論・確率過程・確率制御・統計学・時系列分析・数理計画法の数理計量技法を，定理や命題ではなく【要素】として再構築する点にあります．本書を構成する【要素】は，ファイナンス理論を展開しやすいように，直観的かつ明快な表現となっている一方で，数学的な厳密さを損なわないよう，その証明も与えています．また【要素】は，ファイナンス理論自身に関するものと，その背景にある数理計量技法から構成されています．各巻の構成要素数は，第１巻が 94，第２巻が 85，第３巻は 47，合計で 226 に上ります．第３巻ではその首尾一貫した【要素】という道具立てにより，ファイナンス理論の基盤である「資産価格モデル」を，**図A**に示す「ファクター数」「時間軸」「資産価格の分布」という３つの軸の観点より展開します．

まず，最新のファイナンス理論においても資産価格のベースラインとして採用される「対数正規モデル」をレビューします．本モデルでは，市場において観測される資産価格の増減率である「リターン」が外生的な正規分布によって

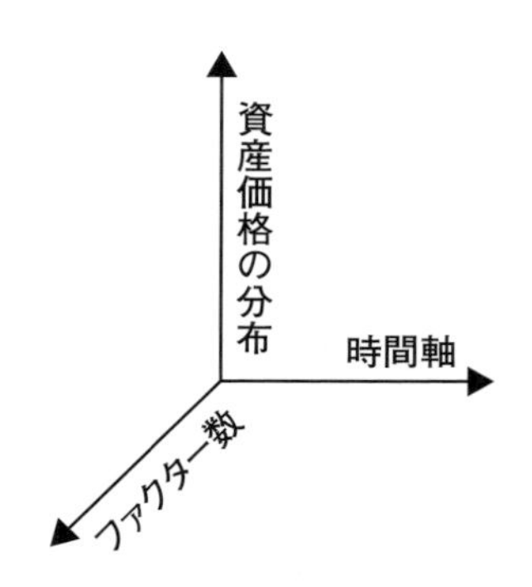

図A　資産価格モデルを展開する3つの軸

もたらされると考え，投資に伴うリスクとリターンを明快に表現する特徴をもちます．このベースラインを起点として，以下の4つの章に対応したビルディング・ブロックとして資産価格モデルを自在に「展開」します．

第1章　ファクターを導入した資産価格

第1章で議論する資産価格モデルは，**図A**に示す3つの軸のうち，「時間軸」について，現在と将来という2時点で挟まれた1期間に固定します．また，「資産価格の分布」についても，そのレート・リターンが正規分布という連続分布に従うとします．これは第2巻で採用したファイナンス理論の出発点としたモデリングです．このような設定での資産価格のモデリングを，「1期間クロス・セクション・モデル(one-period cross-sectional model)」とよぶことにします．**図B**において，本モデルの展開を，理論モデルと統計モデルに分けて示しました．第1巻と第2巻では，このような名称を明示してきませんでしたが，理論モデルと統計モデルの両側面から，すでに十分な議論をしてきています．

まず，第1巻で議論した1期間の投資に関するファイナンス理論を，1期間クロス・セクション・モデルとして復習します．N個の危険資産が取引されている市場で1期間の投資を考えます．株式市場では数多くの株式が取引さ

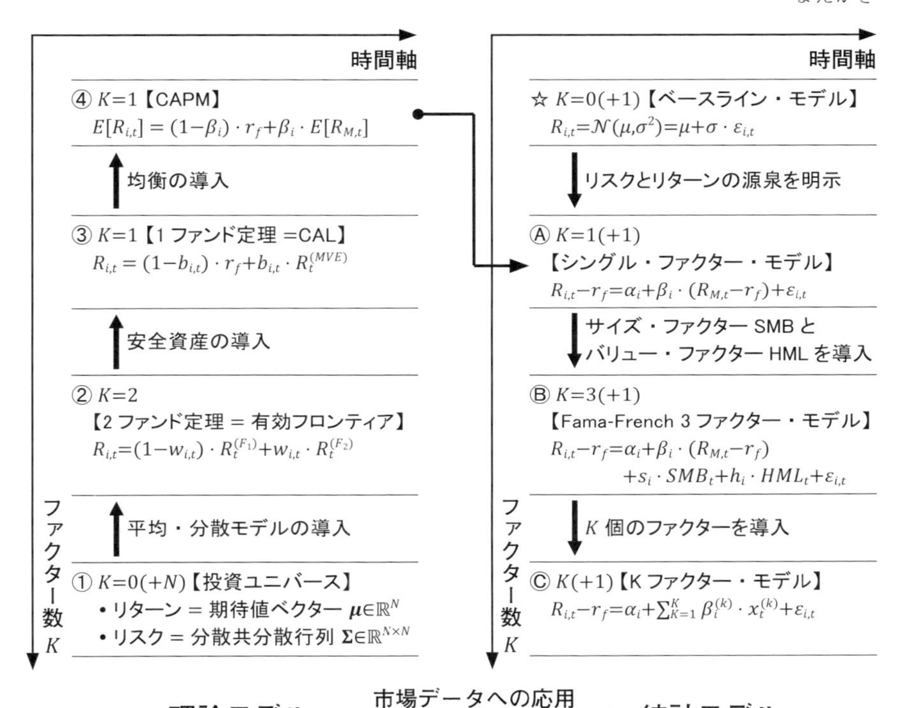

注） 図中，例えば，$K=3(+1)$は共通リスク・ファクター数が3，固有リスク・ファクター数が1であることを示す．

図 B　1 期間クロス・セクション・モデルの展開

れており，例えば，日本取引所グループ(JPX)の上場会社数は 3,559 もあります(2018 年 8 月 28 日現在)．この場合，投資ユニバースに含まれる資産数は，$N=3559$ となります．こうした投資ユニバースを対象として，各資産への投資を考える場合，リスクは資産間の共分散，あるいは相関係数で捉えます．**図 B** の①の分散共分散行列として示すように，資産 i のリスクは，分散(標準偏差)で測る自分自身の 1 個のリスクと，共分散(相関係数)で測る資産 $j \neq i$ との $N-1$ 個のリスクがあり，合計で N 個あります．このように考える場合，資産

iへの投資に伴うリスクの源泉となるファクター数はNとなり膨大となります．

しかし，**図B**の②に示すように，投資ユニバースが膨大であっても，それを対象とした多資産ポートフォリオを「平均・分散モデル」によって選択する場合には，その最適なポートフォリオは，リスク・リターン・チャート上で有効フロンティアを描きます．つまり，2ファンド定理により，資産iのレート・リターンは，有効フロンティア上の2つの資産(ファンドやポートフォリオと考えてもよい)によって複製することができます．したがって，リスクの源泉となるファクター数は2となります．

さらに，**図B**の③に示すように，膨大な危険資産に加えて，1つの「安全資産」が利用可能であり，誰もが同一のリスク・フリー・レートr_fで自由に貸し借りができると仮定します．この場合，有効フロンティアは，リスク・リターン・チャート上で，MVEポートフォリオ(mean-variance efficient portfolio)と安全資産を結ぶ直線CAL(capital allocation line)となります．つまり，1ファンド定理により，資産iのレート・リターンは，MVEポートフォリオという1つの資産と安全資産によって複製することができます．したがって，リスクの源泉となるファクター数は1となります．

そしてさらに，平均・分散モデルの意味で最適なポートフォリオについて，新たな資産やポートフォリオを追加しても，Sharpeレシオが改善しない均衡状態にあるとき，MVEは市場ポートフォリオとなり，CAPMが成立します(第1巻【要素91】)．**図B**の④に示すように，CAPMでは，資産iの期待リターンは，市場ポートフォリオの期待リターンとリスク・フリーレートとの，ベータβ_iによる加重平均(線形結合)で表現されるため，リスクの源泉となるファクター数は1となります．以上が，理論モデルとしての議論となります．

さて，続いて，統計モデルとしての議論に移ります．第2巻では，「現時点から1期間だけ資産に投資をした場合に得られるレート・リターンを正規分布によって表現する」という仮定を出発点としてファイナンス理論を議論しました．つまり，**図B**の☆に示すように，$R_{i,t}=\mathcal{N}(\mu,\sigma^2)=\mu+\sigma\cdot\varepsilon_{i,t}$が資産価格の「ベースライン・モデル(baseline model)」です．このモデルは，市場で観測される資産価格のレート・リターンのヒストグラムが正規分布に従っているように見える(見えなくもない)という，市場データの振る舞いを統計モデルとして表現したものです．非常に単純なモデルですが，Black-Scholes 公式で想定する資産価格のモデルとしても利用されており，今なお，ファイナンスで利用されるベースライン・モデルです．しかし，資産 i の投資に伴うリスクを一つだけ想定していますが，その源泉が明示されていない点が弱点です．

そこで，**図 B** のⒶに示すように，理論モデルとしての CAPM を，現実市場で応用するための統計モデルとして展開し，リスクの源泉を明示することを考えます．現実市場では，CAPM の前提条件は成立し得ません．よって，期間 t で観測される資産 i のエクセス・リターン $R_{i,t}-r_f$ と，市場ポートフォリオ(代理変数としての TOPIX)のエクセス・リターン $R_{M,t}-r_f$ との間に成立する現実市場での関係式は，理論上の CAPM との乖離が生じたものになっているでしょう．つまり，資産 i のエクセス・リターンは，市場ポートフォリオのエクセス・リターンによって，完全に説明できず複製エラー $\varepsilon_{i,t}$ を生じることになります．こうした考察をモデル化したものが，シングル・ファクター・モデルです．本モデルでは，リスクの源泉は，市場ポートフォリオというマーケット・ファクターがもたらすシステマティック・リスクと，固有リスク(アンシステマティック・リスク)に分離して明示されます．しかし，第 1 巻の【演習 12】で確認したように，データへの当てはまりを示す寄与率 $\mathcal{R}^2$ は 27% に過ぎません．

こうした問題に対応すべく，**図 B** のⒷに示すように Fama-French (1993)は，資産 i のエクセス・リターンの説明力を高めるモデルを構築しました．市場ポートフォリオというマーケット・ファクターに加え，サイズ・ファクターと，バリュー・ファクターを導入しました．彼らは膨大な実証研究にもとづいて，①時価総額が小さい企業のレート・リターンがより大きなリターンをもたらすという小型株効果に対応したサイズ・ファクターや，② PBR (株価を 1 株当たりの純資産簿価で割った株価純資産倍率，price-to-book ratio)が低いバリュー株(割安株)がより大きなリターンをもたらすというバリュー・プレミアムに対応したバリュー・ファクターを追加したのです．これは，Fama-French の 3 ファクター・モデルとして知られています．こうした学術研究成果の資産運用実務への応用例として，本書では，ファクター・インベスティングを紹介します．現在も精力的に，学術と実務が連動して，新たなファクターが提案され続けています．本書では，**図 B** の©に示すように，そうしたファクター・モデルが線形回帰モデル（多重回帰モデル）に帰着できることを確認したうえで，その統計分析の方法を詳細に議論することにします．

第 2 章　連続時間の資産価格とポートフォリオ

第 2 章では，**図 A** に示す 3 つの軸のうち，「ファクター数」を 1 つに固定をしたうえで，「時間軸」と「資産価格の分布」という 2 つの軸について資産価格モデルを展開します．ここでも，「現時点から 1 期間だけ資産に投資をした場合に得られるレート・リターンを正規分布によって表現する」という仮定を出発点とし，その数式としての表現である $R_{i,t}=\mathcal{N}(\mu,\sigma^2)=\mu+\sigma\cdot\varepsilon_{i,t}$ をベースライン・モデルとします． これを，**図 C** の☆に示します．第 2 巻で議論をしたように，対数線形近似を利用し，レート・リターンをログ・リターンに変換をします．これによって，資産価格モデルは，時系列方向のダイナミクスを獲得し，1 期間モデルから，多期間モデルへと展開が可能となります．これは資産価格に関する「対数正規モデル（log-normal model）」とよばれ，Black-Scholes 公式をはじめ，ファイナンス理論の展開において前提とされるベースライン・モデルとなっています．そして本モデルについて，本書の十八番（おはこ）である正規分布 12 の性質（第 2 巻の【要素 12】）を駆使すれば，期末の資産価格の表現を得ることができ，そのリスク・リターン・プロファイルを明らかにすることができます．ただし，こうした第 2 巻の議論は，「時間軸に沿った離散的な時間間隔（discrete time interval）で資産が市場で取引され，その取引価格が観測可能である」と仮定の下で行ってきました．これは「離散時間における資産価格モデル」とよばれます．しかし，その議論のカギとなる対数線形近似は，次に述べる「連続時間における資産価格モデル」の結果を引用したものなので

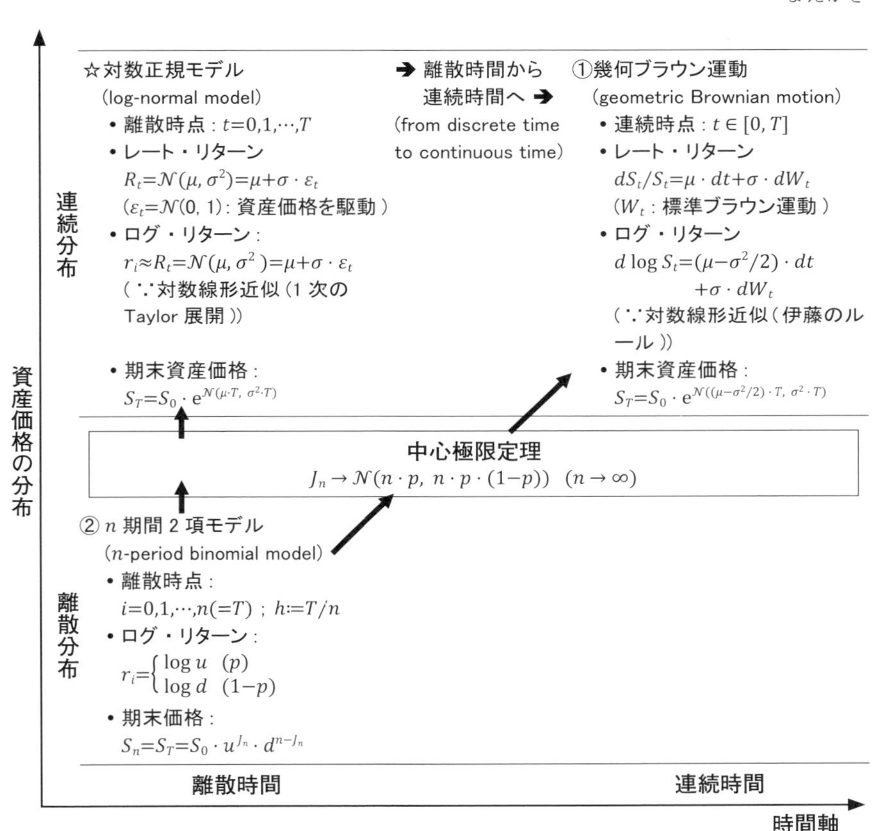

図 C　離散時間から連続時間へ，離散分布から連続分布へと展開する資産価格モデル

す．

本書の**第 2 章**では，「時間軸に沿った無限に小さな時間間隔(infinitesimal time interval)で，資産が市場で取引され，その取引価格が観測可能である」と仮定します．その仮定の下で「連続時間における資産価格モデル」を展開します．具体的には，離散時間における対数正規モデル(**図 C** の☆)は，連続時間では「幾何ブラウン運動(geometric Brownian motion；**図 C** の①)に対応づけて展開することができます．幾何ブラウン運動を効率的に理解するために，正規分布 12 の性質を拡張した，伊藤解析や確率制御などを【要素】という使いやすいツールへと整理します．そのうえで，この本書の特徴である【要素】を駆使して，連続時間における資産価格モデルを明快に展開していきます．その際，単一資産および，多資産を組み入れたポートフォリオの連続時間でのダイナミクスを，第 2 巻で扱った離散時間でのダイナミクスとの対応に注意しながら議論します．

さて，本書の内容とは直接関係ありませんが，読者の知識の整理のために，**図 C** の②について補足します．離散時間での対数正規モデルや，連続時間での幾何ブラウン運動は，**図 A** に示す「資産価格の分布」の軸の観点からは，連続分布に分類されます．つまり，レート・リターンは正規分布，資産価格は対数正規分布という連続分布に従います．一方，第 1 巻や第 2 巻で度々登場してきた便利な 2 項モデルという離散時間における資産価格モデル(**図 C** の②)では，資産価格は離散分布に従います．ブル市場とベア市場のいずれかが確率的に生起するのに伴って，株価が上昇と下落を繰り返し，期末の資産価格は 2 項分布で表現できます．このモデルは，第 2 巻で詳細な議論と Excel 演習をした「中心極限定理(第 2 巻の【要素 46】)」により，対数正規モデルや幾何ブラウン運動と一致させることが可能です．

第 3 章　平均回帰性をもつ資産価格

ファイナンスにおける膨大な研究成果によれば，企業価値，株価，金利，コモディティ，不動産価格など，市場で観測される多くの資産価格には，その本質価値を中心とした「平均回帰性」をもつことが知られています．しかし，これまでベースラインとしてきた，離散時間における対数正規モデル(**図 D** の☆)や，連続時間における幾何ブラウン運動(**図 D** の①)は，時系列／確率過程のモデルとしては，「非定常性」とよばれる特殊な性質をもっており，平均回帰性も表現し得ません．そこで，**第 4 章**では，平均回帰性を導入することによって，資産価格のモデルを展開します．離散時間においては，**図 D** の☆が

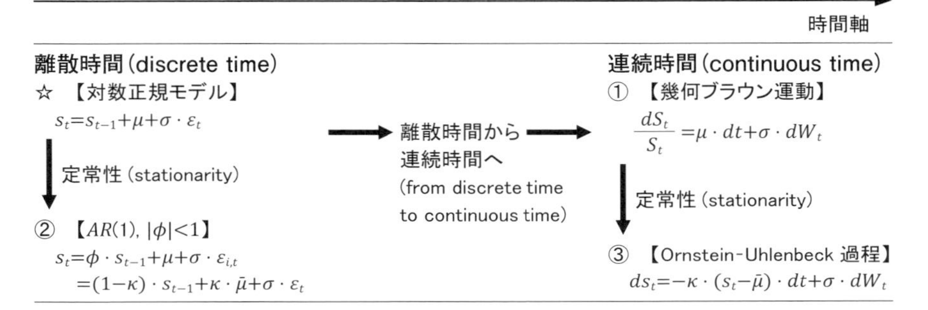

図 D　定常性の導入による資産価格過程の展開

示す対数正規モデルを，**図 D** の②が示す「1 次の自己回帰モデル($AR(1)$モデル)」へと展開します．一方，連続間モデルにおいては，**図 D** の①が示す幾何ブラウン運動を**図 D** の③が示す「Ornstein-Uhlenbeck 過程(オルンシュタイン・ウーレンベック過程，OU 過程)」へと展開します．

このような議論を展開する場合には，いわゆる「時系列分析」の導入が必要となります．特に，その重要概念である「定常性(stationarity)」はわかりにくいため，本書では視覚的にも訴求する視座から議論することにします．また，不動産価格を応用例にとり，平均回帰性をもつ時系列データの Excel 分析も行います．

第 4 章　資産価格の最尤推定と確率測度の変換

ファイナンスの主要なトピックである資産価格評価(アセット・プライシング)のアイディアは，「その価格を評価したい資産のキャッシュフローを，いくつかの資産を組み合わせることにより複製(完全コピー)する」というものです．これを「無裁定条件(第 1 巻の【要素 41】【要素 57】)」とよびます．

無裁定条件とは，「①プライシングしたいと考えている対象資産の価格 y は，②投資家に隠された情報がなく，高い流動性をともなって市場で自由に売買取引，つまりロングもショートもできる条件の下で，③安全資産への投資額 a と，

④対象資産と密接な関係がある「ある危険資産」への投資額 $b\cdot x$ によって，⑤素人でも誰でも手数料ゼロで，⑥ $y=a+b\cdot x$ として複製(完全コピー)できる」ことをいいます．この条件により，資産価格を評価するモデルはすべて，「線形価格評価モデル」に帰着されます．無裁定条件を用いることにより，デリバティブ(金融派生商品)やその代表であるオプションの価格を合理的に評価する「リスク中立価格評価法」を導けます(第1巻の【要素 64】，第2巻の【要素 47】，【要素 51】～【要素 54】，【要素 83】)．

このリスク中立価格評価法では，すべての資産について，そのリスク(ボラティリティ)の大きさや確率構造を同一に維持したまま，そのリターン(期待レート・リターン)をリスク・フリー・レートに一致させるような，「リスク中立確率」とよぶ新たな確率を導入します．数学として換言すれば，**図 E** に示すように，市場で観測される資産価格のダイナミクスを表現するオリジナルの確率 $\mathbb{P}$ から，資産価格評価を行うリスク中立確率 $\mathbb{Q}$ へと「確率測度の変換(測度)」を行います．この測度変換を理解するための本書のユニークなアプローチとして「最尤法」を導入します．

最尤法は，市場で観測される資産価格のレート・リターンが正規分布など，既知の確率分布から生成されていることを仮定したうえで，その確率分布を特徴づけるパラメータを推定する方法です．最尤法では，T 個のレート・リターンが同時に観測される確率を「尤度関数」とみなします．尤度関数は，観測さ

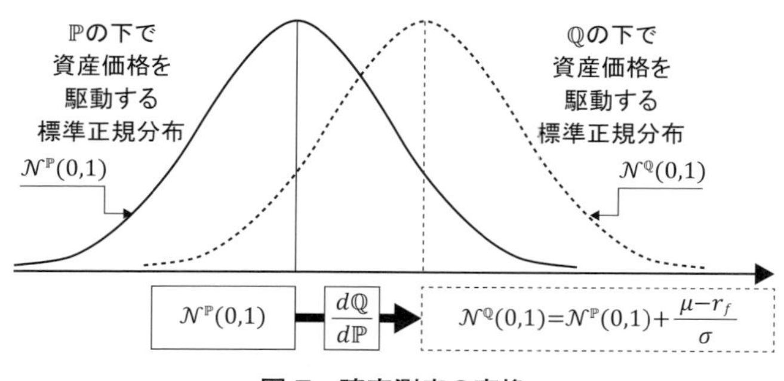

図 E　確率測度の変換

れるレート・リターンを所与とし，確率分布を特徴づけるパラメータを変数とする関数です．したがって，①観測されるレート・リターンを所与とするとき，②オリジナルの確率 $\mathbb{P}$ の下での尤度関数と，リスク中立確率 $\mathbb{Q}$ の下での尤度関数をそれぞれ定義したうえで，③その「尤度比」を評価することができます．この尤度比は，確率測度の変換の文脈では，「ラドン・ニコディム微分 $d\mathbb{Q}/d\mathbb{P}$」とよばれます．この $d\mathbb{Q}/d\mathbb{P}$ は，「リスクの大きさや確率構造を同一に維持したまま，そのリターンをリスク・フリー・レートに一致させることを条件」として導入します．その条件のイメージは，**図 E** に示すように，実線で示す確率 $\mathbb{P}$ の下での標準正規分布を，その形状はそのままに(形状を特徴づけるボラティリティは 1 のまま)，リスクの市場価格(Sharpe レシオ $\frac{(\mu - r_f)}{\sigma}$)の分だけ，破線で示す確率 $\mathbb{Q}$ の下での標準正規分布へと，絶対連続な軸に沿って，エアーホッケーのパックのようにスライドさせたものとなります．

このように，**第 4 章**では，ファイナンス理論，確率論，統計学の理論上の関係性についての議論を展開し，全 3 巻にわたる『ファイナンスの理論と応用』シリーズを完結します．

謝辞(Acknowledgement)
—本書の経緯と期待を添えて—

多くの先生方に教えていただいたおかげで本書を書き上げることができました．まず，本書の執筆をすすめていただき，また，大変お忙しいなか，本書の査読をしていただいた中川秀敏先生に感謝いたします．大学院生時代に指導教員であった古川浩一先生，故・白川浩先生，圓川隆夫先生，森雅夫先生，蜂谷豊彦先生，中里宗敬先生，今野浩先生に担当していただいた講義とゼミでコーポレート・ファイナンス，ポートフォリオ選択理論，経営工学を，慶應義塾大学 SFC からの共同研究者である前田章先生には経済学や価格評価理論を教えていただきました．そして，大阪大学金融・保険教育研究センターでは，仁科一彦先生，本多佑三先生，長井英生先生，大西匡光先生，大屋幸輔先生，関根順先生，竹内惠行先生，太田亘先生，内田善彦先生，西原理先生をはじめ日本を代表する研究者の先生方や同じ職場であった室井芳史先生，中野張先生，深澤正彰先生，山崎和俊先生との交流を通じてファイナンス研究に取り組むことができました．

筆者は 1999 年に大学教員となってから今日まで，ファイナンスの数多くの講義を担当しており，本書はその経験や学生からのフィードバックを反映しています．そのような機会を与えていただいた先生方，特に，森平爽一郎先生，小暮厚之先生，小澤太郎先生，川口有一郎先生，大野薫先生，川北英隆先生，明田雅昭先生，大本隆先生，冨塚嘉一先生，鎌倉稔成先生，藤田岳彦先生，鹿島浩之先生，安藤浩一先生，また，講義に参加し協力してくれた学生の皆さん，特に，内田正樹氏，若林義人氏，中島克志先生，谷山智彦氏，敦賀智裕氏，山田悠氏，渡部育恵氏，安田和弘先生，瀧野一洋先生，松島純之介氏，中西真悟先生，數見拓朗氏，成田久氏，片平直子氏，石川亮一氏，そして，田中克典氏，高木大輔氏，佐藤賢一氏，須田真太郎氏には大変感謝しています．もちろん，本書には大学教員にとって最も重要な仕事である研究成果も反映されており，その活動の場を提供していただいている，刈屋武昭先生，三浦良造先生，津田博史先生，長山いづみ先生，木村哲先生，中村信弘先生，林高樹先生，枇々木規雄先生，塚原英敦先生，赤堀次郎先生，中妻照雄先生，今井潤一先生，山田雄二先生，新井拓児先生，高橋大志先生，山内浩嗣様，後藤順哉先生，ならびに，久保田敬一先生，竹原均先生，高橋豊治先生，岡田克彦先生，井上光太郎先生，永田京子先生，若林公美先生，そして木島正明先生，室町幸雄先生，辻村元男先生，芝田隆志先生，後藤允先生，八木恭子先生，また，浦谷規先生，木村俊一先生，池田昌幸先生，金崎芳輔先生，鈴木賢一先生，山下智志先生，宮崎浩一先生，庄野逸先生，徐春暉先生をはじめ，所属学会すべての先生に感謝しております．

本書の執筆を開始した頃，2013 年 9 月から 2014 年の 8 月までの 1 年間，コロンビア大学ビジネススクール日本経済経営研究所にて，在外研究の機会をいただきました．その間，ファイナンス・経済分野の講義を聴講し，セミナーに数多く参加させていただきました．2008年の金融危機を乗り越えた米国のファイナンス研究は，ビジネススクールなどでの教育や，金融産業への実務応用と密接に連動して，新たなテーマの提起とその理論展開，膨大な実証研究と解釈，そしてターミノロジーに至るまで発展を続けていました．改めて，ファイナンスの研究と教育の重要性と面白さを再認識することができました．

このように，日米両国でのファイナンスの研究と教育の経験を反映して本書を執筆していますので，本書の内容は標準的かつ最新のものになっていると考えています．

さて，コロンビア大で筆者が大きな可能性を感じたのは，ファイナンスとITとの融合により，パフォーマンスに優れた金融サービスを極めて安価に提供する，いわゆるFinTechの発展が著しいということです．特にFinTechの一類型である資産運用サービスでは，学術研究を背景とし，きわめて効果的なサービスになっている点がその大きな特徴です．もともと，ファイナンスでは，研究と実務の親密性は高いのですが，米国におけるファイナンス研究と実務は新たなステージに入っています．その点を強く意識し，ファイナンスに興味をもっている方はもちろん，これまでファイナンスには興味をもっていなかった方にも，全3巻の本シリーズがファイナンスの導入になればとても嬉しく思います．

そのようなコロンビア大での貴重な在外研究のサポートをしていただきました，一橋大学の祝迫得夫先生，大橋和彦先生，本多俊毅先生には大変に感謝しております．

I (the author) sincerely thank Professor Hugh Patrick, Professor David E. Weinstein, Professor Takatoshi Ito and all the members of the Center on Japanese Economy and Business, Columbia Business School, for providing a wonderful research environment during my visit there. I am also grateful to all the professors at the Columbia Business School for giving me the opportunity to audit their amazing classes that allowed me to upgrade the content of this book. Finally, I would like to thank Ms. Ryoko Ogino (CJEB) and Mr. Tony Lenti (Chazen Language Program) for their generous support at Columbia.

最後に，本書出版の機会をいただきました日科技連出版社の皆さま，特に担当をしていただきました取締役の戸羽節文氏をはじめ，鈴木兄宏氏，田中延志氏には大変お世話になりました．感謝申し上げます．

2017 年 8 月

中央大学　石島　博

目　　次

■『ファイナンスの理論と応用１—資産運用と価格評価の要素—』主要目次

■『ファイナンスの理論と応用２—正規分布で解く資産の動的評価—』主要目次

目　次

■ 要素

要素 ■

■ 演習

演習 ■

第１章　ファクターを導入した資産価格──ファクター・インベスティングと線形回帰モデルの推定

A.　理論編

1.1　ファクター・インベスティング──CAPMとマルチ・ファクター・モデルのロジック

1.1.1　CAPMとシングル・ファクター・モデルのレビュー

第１巻の**第４章**にて，アセット・プライシングの第１の理論としてのCAPMを議論してきました．CAPMは，期待値ベースで資産iのリターンを，リスクを反映して評価しようというモデルです(第１巻の【要素44】)．そして，期待値ベースの無裁定条件の観点より，資産iの期待リターンμ_iを，市場ポートフォリオの期待リターンμ_Mと，安全資産が生むリスク・フリー・レートr_fで，完全コピーしようというモデルです．換言すれば，資産iの期待リターンを，市場ポートフォリオと安全資産をそれぞれ，β_iと$1-\beta_i$というウェイトで特徴づけられる２資産ポートフォリオの期待リターンによって,「複製(replicate)」しようというモデルでした(第１巻の【要素45】)．

$$\mu_i=\beta_i\cdot\mu_M+(1-\beta_i)\cdot r_f \qquad (1.1)$$

そのように豊かでエレガントな解釈をもつCAPMが成立するためには，第１巻の【要素41】で無裁定条件について言及した際に述べた，条件②と条件⑤が成立していなければなりません．すなわち，「②投資家に隠された情報(情報の非対称性)がなく，高い流動性をともなって，市場で自由に売買取引，つまりロングもショートもできる条件」や「⑤素人でも誰でも手数料ゼロ」という条件がCAPMの前提となっています．

現実の市場を鑑みると，この条件②や条件⑤は限定的にしか成立し得ません．また，第1巻の【要素42】で述べた，CAPMの前提となっている「すべての投資家が平均・分散モデルにもとづいてポートフォリオ選択を行う」という条件の成立も，現実の市場では限定的でしょう．

このような考察より，現実の市場において，期間tで観測される資産iのエクセス・リターン$R_{i,t}-r_f$と，市場ポートフォリオのエクセス・リターン$R_{M,t}-r_f$との間に成立する関係式は，理論上のCAPMとの乖離が生じたものになっているでしょう．つまり，資産iのエクセス・リターンは，市場ポートフォリオのエクセス・リターンによって，完全に説明できず，「複製エラー(replication error)」を生じることになります．この乖離をある確率変数$\tilde{\varepsilon}_{i,t}$と書くことにすれば，現実の市場における両者のエクセス・リターン間の関係式の候補は次式で与えられます．

$$R_{i,t}-r_f=\beta_i\cdot(R_{M,t}-r_f)+\tilde{\varepsilon}_{i,t} \tag{1.2}$$

$\tilde{\varepsilon}_{i,t}$の期待値がゼロであると仮定し，式(1.2)の両辺に期待値をとれば，第1巻の【要素20】「期待値の線形性」より，式(1.1)のCAPMに一致することが確認できます．

$$E[R_{i,t}]-r_f=\beta_i\cdot E[R_{M,t}-r_f]+E[\tilde{\varepsilon}_{i,t}]=\beta_i\cdot(E[R_{M,t}]-r_f)$$
$$\Leftrightarrow E[R_{i,t}]=\beta_i\cdot E[R_{M,t}]+(1-\beta_i)\cdot r_f$$

この前提として，式(1.2)における乖離$\tilde{\varepsilon}_{i,t}$の期待値をゼロと仮定しましたが，これ以降の議論においては，その期待値はゼロではなく，2つに分離できることを仮定します．つまり，CAPMが想定する理論とは絶対に相容れず，したがって理論では説明のつかない，CAPM理論と市場との乖離を表す「固定項α_i」と，市場における確率的な変動に起因した項であって，期待値がゼロである「ランダム項$\varepsilon_{i,t}$」に分離して表現できると考えます．さらに，このランダム項$\varepsilon_{i,t}$は，正規分布$\mathcal{N}(0,(\sigma_i)^2)$に従うとします．数式で表せば，次式のようになります．

$$\tilde{\varepsilon}_{i,t}=\alpha_i+\varepsilon_{i,t}=\alpha_i+\mathcal{N}(0,(\sigma_i)^2)=\mathcal{N}(\alpha_i,(\sigma_i)^2) \tag{1.3}$$

ただし，最後の等式では，第2巻の【要素13】「正規分布の括り入れ・括り出しルール1」を使っています．この式(1.3)を式(1.2)に代入したモデルが，第1巻の【要素46】として述べた「CAPMの統計モデルとしてのシングル・ファクター・モデル」になります．

$$R_{i,t}-r_f=\alpha_i+\beta_i\cdot(R_{M,t}-r_f)+\varepsilon_{i,t} \tag{1.4}$$

この式(1.4)は，いわゆる「シングル・ファクター・モデル(single factor model)」，あるいは，「マーケット・モデル(market model)」とよばれています．ただし，$R_{M,t}$と$\varepsilon_{i,t}$とは独立であると仮定しています．なお，第1巻の【要素47】より，シングル・ファクター・モデルでは，資産iのレート・リターンの期待値と分散は，次式で与えられます．

$$E[R_{i,t}]=\alpha_i+\beta_i\cdot E[R_{M,t}]+(1-\beta_i)\cdot r_f \tag{1.5}$$

$$V[R_{i,t}]=(\beta_i)^2\cdot V[R_{M,t}]+V[\varepsilon_{i,t}] \tag{1.6}$$

1.1.2 シングル・ファクター・モデルの問題点とマルチ・ファクター・モデルの導入

次に，現実市場で観測されるデータにシングル・ファクター・モデルを適用することを考えます．その推定は，第1巻の【要素50】および【要素51】に述べた手順で行うことが可能です．その推定の際，市場データに対するシングル・ファクター・モデルの「当てはまりの良さ(goodness of fit)」を測る一つの指標に，第1巻の【要素52】で述べた「寄与率(決定係数)」，いわゆる「$\mathcal{R}^2$(アール・スクエア)」があります．寄与率(決定係数)，あるいは，$\mathcal{R}^2$とは，シングル・ファクター・モデルにおいて，資産iのレート・リターンの分散で測ったリスクのうち，市場に由来するシステマティック・リスクの割合のことをいいます．数式では，次式のように表現できます．

$$\mathcal{R}^2=\frac{(\beta_i)^2\cdot V[R_{M,t}]}{V[R_{i,t}]} \tag{1.7}$$

一方，資産 i のレート・リターンのリスクのうち，資産 i の固有のリスク，つまりアンシステマティック・リスクが占める割合は次式で表すことができます．

$$1-\mathcal{R}^2=\frac{V[\varepsilon_{i,t}]}{V[R_{i,t}]}=1-\frac{(\beta_i)^2\cdot V[R_{M,t}]}{V[R_{i,t}]} \tag{1.8}$$

これは，シングル・ファクター・モデルを推定した場合に，資産 i のリターンを，市場ポートフォリオのリターンとリスク・フリー・レートの組合せ(ポートフォリオ)で複製(コピー)しきれなかった誤差を表すことになります．本書ではこの誤差を，「複製エラー・レート(replication error rate)」とよんでいます．

さて，第1巻の【演習 12】において，現実の市場で観測されるデータに対して，シングル・ファクター・モデルを適用したところ，寄与率は $\mathcal{R}^2=27\%$ 程度となりました．すなわち，複製エラー・レートは，73% にも上ります．この演習の例では，シングル・ファクター・モデルの市場データへの当てはまりは良くないといえます．また，この演習の例に限らず，シングル・ファクター・モデルの市場データへの当てはまりは良くないという，実証研究が数多く報告されています．これより，次のアイディアが浮かびます．

[アイディア]　数多くの資産のエクセス・リターンについて，シングル・ファクター・モデルの当てはまりが良くないということは，複製エラー $\varepsilon_{i,t}$ には，数多くの資産で「共有リスク・ファクター(common risk factor)」が存在する可能性を示しています．

また，統計学的にも，市場ポートフォリオという共有ファクターに加えて，いくつかのファクター，例えば2種類くらいのファクターを追加すれば，明らかに，複製エラー・レートは下がり，寄与率は上昇します[1)]．

1)　寄与率は，「資産 i のレート・リターンの分散」に占める，「市場ポートフォリオやその他の共有リスク・ファクターに由来する分散」の割合と定義されます．よって，資産間で共有リスク・ファクターを追加するほど，寄与率は上昇します．

こうしたアイディアの下，ファイナンスの研究と実務の双方において，「マルチ・ファクター・モデル(multi-factor model)」が導入されることになりました．1980 年代後半より今日に至るまで，アセット・プライシングの分野においては，マルチ・ファクター・モデルに関する実証研究は花形であり，メイン・ストリームとなっています．

1.1.3　スタイルとマルチ・ファクター・モデル

Sharpe は 1992 年の論文において，次の要素としてまとめる資産運用における概念を提案しました．

■　要素 1

スタイル

(1)　定義

「スタイル(style)」とは，株式や債券などの証券を分類する資産クラスのことをいいます．あるいは，その分類された資産クラスを利用した投資や資産運用のことをいいます．

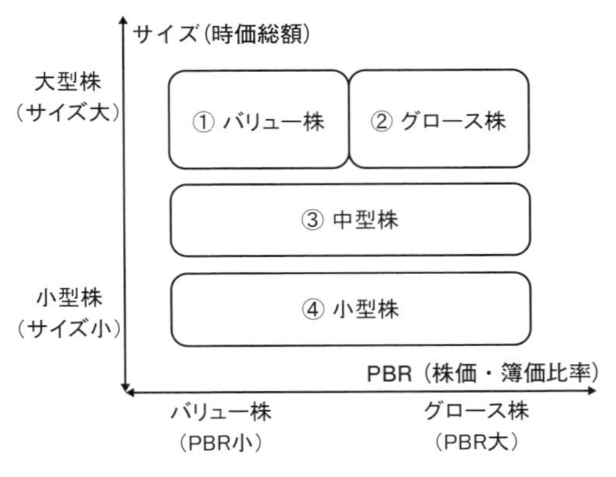

図 1.1　Sharpe による 4 つのスタイル

(2) 例

Sharpe (1992) は，**図 1.1** に示す，①バリュー株(value)，②グロース株(growth)，③中型株(medium)，④小型株(small)という 4 つのスタイルを提案しています．

要素 1 ■

Sharpe (1992) の目的は，投資信託などのファンドの運用パフォーマンスを，4 つのスタイルという仮想資産から構成されるポートフォリオという観点で分析することにありました．このいわゆる「スタイル分析(style analysis)」では，分析対象とするファンドのレート・リターンを，4 つのスタイルに対応づけが可能な指数(インデックス，index)のレート・リターンで線形回帰します．その推定された回帰係数を，4 つのスタイルという仮想資産へのポートフォリオ・ウェイトと理解します．このスタイル分析により，各ファンドがどのスタイルに，どれだけの割合で投資しているかを理解することが可能になります．Sharpe (1992) がタイトル下に要約しているように，「資産クラスのファクター・モデル，つまり，スタイル分析は，カオスから秩序を見出すのに役立つ(an asset class factor model can help make order out of chaos)」わけです．

スタイル分析に密接に連動して，Fama and French (1993) は，株式投資におけるレート・リターンについて，次の要素としてまとめる統計的に有意に寄与する 3 つのファクターを提案しました．

■ 要素 2

Fama-French の 3 ファクターモデル

「Fama-French の 3 ファクターモデル(three factor model)」とは，株式市場に上場されている企業が発行する株式を対象として，そのレート・リターンを次の 3 つのファクターによって説明する次式の統計モデルのことをいいます．

$$R_{i,t} - r_f = \alpha_i + \beta_i \cdot (R_{M,t} - r_f) + s_i \cdot SMB_t + h_i \cdot HML_t + \varepsilon_{i,t} \qquad (1.9)$$

ただし，α_i はアルファ(切片)，$\varepsilon_{i,t}$ は固有リスク(誤差)を表します．以下では，式(1.9)を構成する3つのファクターの一つひとつについて簡単な説明を加えます.

(1) マーケット・ファクター(MKT)

① 定義

「マーケット・ファクター(market factor)」とは,CAPMにおいて市場ポートフォリオの代理(proxy)とみなすことのできる,市場ベンチマーク(≒インデックス)のことをいいます.あるいは,その市場ベンチマークが,リスク・フリー・レートに比べてどれだけ上回ったかという差額(リスク・プレミアム)のことをいいます.

② 表記

マーケット・ファクターを次式のように表記します.

$$\begin{aligned} \mathrm{MKT} &= (\text{市場ベンチマークのレート・リターン}) \\ &\quad -(\text{リスク・フリー・レート}) \\ &= R_{M,t} - r_f \end{aligned} \tag{1.10}$$

ただし,MKTは,marketと読みます.

(2) サイズ・ファクター(SMB)

① 定義

「サイズ(size)」とは,企業が発行する株式について,「株価に発行済株式数を掛けた,いわゆる時価総額」のことをいいます.

② 分類

サイズが小さい株式を「小型株(small-cap stock)」,サイズが大きい株式を「大型株(large-cap stock)」といいます.

③ 定説[2)]

小型株は,大型株に比べて,そのレート・リターンが大きい.

---

2) ここで,「定説」とは「スタイライズド・ファクト(stylized facts)」の日本語訳として用いており,膨大な実証分析にもとづく発見(findings)の平易な表現です.

④　表記

サイズ・ファクターを次式のように表記します．

SMB＝(小型株のレート・リターン)－(大型株のレート・リターン)　(1.11)

ただし，SMBは，small-minus-bigと読みます．ファクターSMBは，定説より，正の値をとることが期待されます．

(3)　バリュー・ファクター(HML)

①　定義

「バリュー(value)」とは，「PBR(株価・簿価比率，または，株価純資産倍率，price-to-book ratio)＝$\frac{\text{株価}}{\text{1株あたり純資産}}$」が相対的に低く，割安とみなせる企業の株式のことをいいます．

ここで，「純資産」とは企業が報告する貸借対照表(balance sheet)に記載される項目であり，コーポレート・ファイナンスにおいては，「株主資本簿価(book value)」とよばれます．1株あたり純資産とは，純資産を発行済株式数で割った値です．

なお，学術研究においてはPBRではなく，その逆数である，「簿価・株価比(book-to-market raito)」を利用します．

②　分類

PBRが小さい株式を「バリュー株(value stock，割安株とも)」，PBRが大きい株式を「グロース株(growth stock，割高株，glamourとも)」といいます．

③　定説

バリュー株は，グロース株に比べて，そのレート・リターンが大きい．

④　表記

バリュー・ファクターを次式のように表記します．

HML＝(バリュー株のレート・リターン)

$$-（グロース株のレート・リターン）\tag{1.12}$$

ただし，HML は，（PBR の「逆数」に関して）high-minus-low と読みます．ファクター HML は，定説より，正の値をとることが期待され，これを「バリュー・プレミアム（value premium）」とよびます．

要素 2 ■

B.　応用編

1.2　ファクター・インベスティングの Excel 演習

ここで取り上げる 2 つの演習は，コロンビア大学ビジネススクールで聴講した Ang 教授の講義で出題された宿題を修正・加筆したものです．

■　演習 1

ファクター・インベスティング 1

ヘッジ・ファンドに投資した場合のレート・リターン（HFRI）を，低手数料・高流動性で取引が可能な，S&P500 インデックスと米国債（30 日限月の T-Bill）によって複製するファクター・インベスティングを提案しなさい．なお，分析に必要なレート・リターン・データは**図 1.2** に，その一部を月次でパーセント表示しています．

【解答例】

第 1 巻の【要素 51】「Excel によるシングル・ファクター・モデルの OLS 推定と検定」と同様の手続きで，線形回帰モデルの推定を行うことが可能です．ただし，「回帰分析」ウィンドウにおいて，「入力 Y 範囲」には，HFRI のレート・リターン（セル範囲 $B$1:$B$289）を指定します．「入力 X 範囲」には，S&P500 と T-Bill のレート・リターン（セル範囲 $C$1:$D$289）を一括で指定します．ただし，Y と X とは，対応したペア・データ（paired data）である必

	A	B	C	D	E	F	G	H	I	J
1	年/月	HFRI	S&P 500	T-Bill		概要				
2	1990/01	0.07	-6.71	0.57						
3	1990/02	1.34	1.29	0.57		回帰統計				
4	1990/03	2.07	2.63	0.64		重相関 R	55.22%			
5	1990/04	0.89	-2.47	0.69		重決定 R^2	30.49%			
6	1990/05	0.47	9.75	0.68		補正 R^2	30.00%			
7	1990/06	2.21	-0.70	0.63		標準誤差	1.38			
8	1990/07	3.07	-0.32	0.68		観測数	288			
9	1990/08	1.63	-9.03	0.66						
10	1990/09	2.84	-4.92	0.60			係数	標準誤差	t 値	P 値
11	1990/10	1.64	-0.37	0.68		切片	0.09	0.141	0.623	53.4%
12	1990/11	0.00	6.44	0.57		S&P 500	0.20***	0.019	10.700	0.0%
13	1990/12	0.09	2.74	0.60		T-Bill	1.31***	0.437	3.009	0.3%
287	2013/10	1.24	4.60	0.00						
288	2013/11	1.05	3.05	0.00						
289	2013/12	1.16	2.53	0.00						

図 1.2　【演習 1】の解答例

要があります．また「ラベル」にチェックを入れます．それ以外の指定は基本的に不要です．そのうえで「OK」ボタンをクリックすれば，**図 1.2** のように回帰係数の OLS 推定値，およびその t 値と P 値が計算されます[3)]．

この推定結果について，データへの当てはまりを寄与率 R^2 で見ると 30%程度であり，あまり良くないことがわかります．とはいえ，安全資産(T-Bill)とマーケット・ファクター(S&P500)の回帰係数の OLS 推定量は 1% 有意に推定されています．したがって，ヘッジ・ファンドのレート・リターンは，安全資産(T-Bill)へ 131%，マーケット・ファクター(S&P500)へ 20% 投資するファクター・インベスティングにより複製できることがわかります．さらに，統計的に有意ではありませんが，月次で約 0.09 (＝0.088) %，年次換算では約

3)　なお，セル G12 において，Excel の「回帰分析」による出力が 0.204037699218741 だったとします．このとき，Excel のティップスとして，＝TEXT (0.204037699218741,"#,##0.00") &"***" と入力することにより，回帰係数の OLS 推定量を小数点以下第 2 位まで表示したうえで，1% 有意(P 値が 1% 以下)であることを示す *** 印を付すことができます．同様に，5% 有意(P 値が 5% 以下)の場合には ** 印，10% 有意(P 値が 10% 以下)の場合には * 印をつけて表示することが可能です．これにより，分析結果を明瞭に提示することが可能です．

1.06%のアルファをもたらす可能性を示唆しています．

演習 1 ■

■ 演習 2

ファクター・インベスティング 2

Warren E. Buffett（ウォーレン・バフェット）が率いる，Berkshire Hathaway Inc.（バークシャー・ハサウェイ）の A 種株式（BRK-A[4)]）へ投資した場合のエクセス・リターンを，低手数料・高流動性で取引が可能な，次の 3 つのインデックスによって複製するファクター・インベスティングを提案してください．なお，分析に必要なレート・リターン・データは**図 1.3** に，その一部を月次でパーセント表示しています．

① MKT ファクターに対応した Vanguard S&P 500（VFINX）

② SMB ファクターに対応した Vanguard Small Cap Index（NAESX）

③ HML ファクターに対応した Vanguard Value Index（VIVAX）

【解答例】

【演習 1】と同様の手続きで，線形回帰モデルの推定を行うことが可能です．ただし，「回帰分析」ウィンドウにおいて，「入力 Y 範囲」には，BRK-A のレート・リターン（セル範囲 $B$1:$B$250）を指定します．「入力 X 範囲」には，VFINX，NAESX，VIVAX のレート・リターン（セル範囲 $C$1:$E$250）を一括で指定しています．また，「ラベル」にチェックをしています．「OK」ボタンをクリックすれば，**図 1.3** のように回帰係数の OLS 推定値，およびその t 値と P 値が計算されます．

この推定結果より，データへの当てはまりは，寄与率 R^2 が 25%程度と良くないことがわかります．それを前提として，BRK-A のレート・リターンは，サイズとバリューによって有意に説明できることがわかります．後者のバリュ

4)　BRK-A, VFINX, NAESX, VIVAX はティッカー・シンボル（ticker symbol）を表し，すべて米国株式市場で取引されています．

	A	B	C	D	E
1	年/月	BRK-A	S&P 500	Small (NAESX)	Value (VIVAX)
2	1993/04	-0.78	-2.44	-2.83	-0.40
3	1993/05	18.58	2.69	4.29	1.81
4	1993/06	2.67	0.25	0.29	1.39
5	1993/07	3.90	-0.42	0.88	1.17
6	1993/08	9.53	3.79	4.22	3.86
7	1993/09	-4.85	-0.78	2.79	0.00
8	1993/10	3.45	2.06	2.58	0.56
9	1993/11	0.00	-0.98	-2.78	-1.85
10	1993/12	-5.36	1.19	3.27	1.69
11	1994/01	-0.77	3.40	3.56	4.63
12	1994/02	-4.63	-2.73	-0.38	-3.54
13	1994/03	3.07	-4.38	-4.98	-4.22
248	2013/10	1.52	4.58	3.26	4.59
249	2013/11	1.02	3.03	2.70	3.18
250	2013/12	1.80	2.52	2.59	2.06

G	H	I	J	K
概要				
回帰統計				
重相関 R	49.55%			
重決定 R^2	24.55%			
補正 R^2	23.62%			
標準誤差	5.38			
観測数	249			
	係数	標準誤差	t 値	P値
切片	0.81^{**}	0.347	2.347	2.0%
S&P 500 (VFINX)	-0.02	0.289	-0.082	93.5%
Small (NAESX)	-0.41^{***}	0.107	-3.807	0.0%
Value (VIVAX)	1.04^{***}	0.264	3.962	0.0%

図 1.3　【演習 2】の解答例

ーについて回帰係数が＋1.04 であることから，BRK-A はファンドのうたい文句のどおり，バリュー・ファクター・インベスティングであることがわかり，月次で 0.81%，年次換算では 9.72%のアルファをもたらす可能性を示唆しています．

演習 2　■

C.　発展編

1.3　線形回帰モデルの推定手順

第 1 巻の【要素 41】に述べたように，ファイナンスにおいて，アセット・プライシング・モデルは無裁定条件を前提とすれば必ず線形となります．そのような理論上の線形価格評価モデルにもとづいた実証分析をするためには，適切な統計モデルへと変換する必要があります．その多くの場合，その統計モデルは，本章で採り上げた「ファクター・インベスティング」をはじめとして，線形回帰モデルの範疇に帰着されます．その線形回帰モデルの推定や検定は，

（ステップ 1） 線形回帰モデルの定義

$$\boldsymbol{y} = \boldsymbol{X\theta} + \boldsymbol{\varepsilon}$$

【変数】$\boldsymbol{y}$: 被説明変数（T個のリターン・データ），
$\boldsymbol{X}$: 説明変数（K種類のファクターのT個のデータ），
$\boldsymbol{\varepsilon} = \mathcal{N}_T(\boldsymbol{0}, \sigma^2 \cdot \boldsymbol{I}_T)$: 誤差
【パラメータ】$\boldsymbol{\theta}$: 回帰係数，σ^2: 誤差分散

（ステップ 2） 回帰係数$\boldsymbol{\theta}$の OLS 推定量 $\hat{\boldsymbol{\theta}}$

$$\hat{\boldsymbol{\theta}} = (\boldsymbol{X}'\boldsymbol{X})^{-1} \cdot \boldsymbol{X}'\boldsymbol{y}$$

（ステップ 3） パラメータ $\{\boldsymbol{\theta}, \sigma^2\}$ の不偏推定量 $\{\tilde{\boldsymbol{\theta}}, \widetilde{(\sigma^2)}\}$

① 回帰係数の不偏推定量$\tilde{\boldsymbol{\theta}}$は，OLS 推定量$\hat{\boldsymbol{\theta}}$と一致．
② 誤差分散σ^2の不偏推定量 $\widetilde{(\sigma^2)}$は，残差平方和で予想．

$$\widetilde{(\sigma^2)} = \frac{(\boldsymbol{y}-\boldsymbol{X}\hat{\boldsymbol{\theta}})'(\boldsymbol{y}-\boldsymbol{X}\hat{\boldsymbol{\theta}})}{T-K}$$

（ステップ 4） 回帰係数$\boldsymbol{\theta}$の OLS 推定量$\hat{\boldsymbol{\theta}}$が従う分布

① $\hat{\boldsymbol{\theta}} = \mathcal{N}_K(\boldsymbol{\theta}, \sigma^2 \cdot (\boldsymbol{X}'\boldsymbol{X})^{-1})$
② ファクターkごと：$\hat{\theta}_k = \mathcal{N}_1(\theta_k, \sigma^2 \cdot ((\boldsymbol{X}'\boldsymbol{X})^{-1})_{(k,k)})$

（ステップ 5） 回帰係数$\boldsymbol{\theta}$の OLS 推定量 $\hat{\boldsymbol{\theta}}$の$Z$変換と$T$変換

① OLS 推定量$\hat{\boldsymbol{\theta}}$の$Z$変換

$$\hat{\theta}_k^{(Z)} = \frac{\hat{\theta}_k - \theta_k}{\sigma \cdot \sqrt{\left((\boldsymbol{X}'\boldsymbol{X})^{-1}\right)_{(k,k)}}} = \mathcal{N}_1(0, 1)$$

② OLS 推定量$\hat{\boldsymbol{\theta}}$の$T$変換

$$\hat{\theta}_k^{(T)} = \frac{\hat{\theta}_k - \theta_k}{\sqrt{\widetilde{(\sigma^2)}} \cdot \sqrt{\left((\boldsymbol{X}'\boldsymbol{X})^{-1}\right)_{(k,k)}}} = t(T-K)$$

（ステップ 6） 真の回帰係数の「仮説$\mathcal{H}_0$:$\boldsymbol{\theta}=\boldsymbol{0}$」に関する$t$検定

① $t_{\hat{\theta}_k}$値の絶対値が2より大きい場合，95%の確率で，$\hat{\theta}_k$は有意に0ではない推定値．
② $P_{\hat{\theta}_k}$値が0.05より小さい場合，95%の確率で，$\hat{\theta}_k$は有意に0ではない推定値．

図 1.4　線形回帰モデルの推定手順

Excelを利用すれば簡単に行うことが可能です．しかし，その結果について正確な考察を行うためには，その背後にある推定や検定の知識が必要となります．

第1巻の【要素51】にて予告したように，そのロジックを詳述します．線形回帰モデルは，**図 1.4** の6つのステップに従って推定することができます．

なお，本書では線形回帰モデルの推定に関する最低限の知識のみを提供します．統計学に関する基礎と演習については大屋(2011)や大屋・各務(2012)を，回帰分析の前提となる単位根検定などの経済時系列分析については沖本(2010)を参考にしてください．

1.4　(ステップ 1)線形回帰モデルの定義

過去のある期間 t において，市場において観測された，ある単一の危険資産のレート・リターンを y_t と書くことにします．そのレート・リターンは，同一期間で観測される K 個のファクター $\boldsymbol{x}_t=(x_{t,1}\cdots x_{t,k}\cdots x_{t,K})$ の加重和(線形結合，積和)によって説明されるとします(**図 1.5** のイメージと対応させるべく，$\boldsymbol{x}_t$ は行ベクターとして表記しています)．つまり，第 k 番目のファクター $x_{t,k}$ に θ_k という係数により加重をとります($\theta_k\cdot x_{t,k}$)．そのうえで，第1番目のファクターから第 K 番目のファクターまでの和($\sum_{k=1}^{K}\theta_k\cdot x_{t,k}$)によって，レート・リターンを説明することにします．

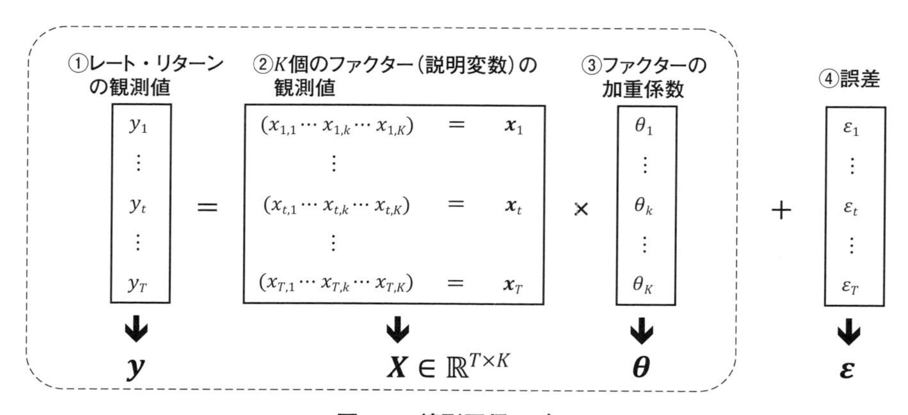

図 1.5　線形回帰モデル

$$y_t \leftarrow \sum_{k=1}^{K} \theta_k \cdot x_{t,k} \tag{1.13}$$

さて，レート・リターン y_t とそれを説明する K 個のファクター $\boldsymbol{x}_t$ が「ペア・データ(paired data)」として，過去 T 期間にわたり，$\{y_t, \boldsymbol{x}_t (t=1, \cdots, T)\}$ のように観測されたとします．さらに，各期間 t によらず「同一の係数」を介して，レート・リターンが K 個のファクターの加重和によって説明されると仮定します．この設定を**図 1.5** において，破線で囲われた枠内に示します．各期間 $t=1, \cdots, T$ において，式(1.13)に示すような線形の関係，つまり，以下のように表現したいと考えたとします．

① レート・リターンの観測値 y_t を，

② K 個のファクター $x_{t,k}$ の，

③ 係数 θ_k による「加重和($\sum_{k=1}^{K}\theta_k \cdot x_{t,k}$)」で説明する．

しかし，期間 t によらず「同一の係数 $\boldsymbol{\theta}=(\theta_1 \cdots \theta_k \cdots \theta_K)'$」を用いるわけですから，レート・リターンをファクターの加重和によって説明しきれない「誤差(error)」，つまりズレが生じ得ます．そして，この誤差は各期間 t において異なります．

そこで，**図 1.5** の④に示すように，各期間 t において，K 個のファクターの加重和 $\sum_{k=1}^{K}\theta_k \cdot x_{t,k}$ に誤差 ε_t を付加することによって，レート・リターン y_t と等号で結ぶことができます．換言すれば，式(1.13)の右辺に誤差 ε_t を付加して，両辺を等号で結びます．

$$y_t = \sum_{k=1}^{K} \theta_k \cdot x_{t,k} + \varepsilon_t = \boldsymbol{x}_t \boldsymbol{\theta} + \varepsilon_t \tag{1.14}$$

上式の2つ目の等号の右辺では，K 個のファクターの加重和を次式のようにベクター表記しています．

$$\textstyle\sum_{k=1}^{K}\theta_k \cdot x_{t,k} = (x_{t,1} \cdots x_{t,k} \cdots x_{t,K}) \begin{pmatrix} \theta_1 \\ \vdots \\ \theta_k \\ \vdots \\ \theta_K \end{pmatrix} = \boldsymbol{x}_t \boldsymbol{\theta}$$

また，誤差ε_tには重要な仮定を置くことにしますが，それについては【要素4】を見てください．

さて，過去の各時点で観測された，レート・リターンとファクターに関するT組のペア・データ $\{(y_t, \boldsymbol{x}_t) \mid t=1, \cdots, T\}$ について，式(1.14)のように統計モデルを構築したわけですが，これを**図 1.5** の「4 つの下向きの矢印」で示すように，ベクターと行列に格納することを考えます．つまり，T個のレート・リターンの観測データ$(y_1 \cdots y_t \cdots y_T)'$を列ベクター$\boldsymbol{y}$に，$K$個のファクターが格納された行ベクター$\boldsymbol{x}_t$を$T$個だけ観測したデータ$\begin{pmatrix} \boldsymbol{x}_1 \\ \vdots \\ \boldsymbol{x}_t \\ \vdots \\ \boldsymbol{x}_T \end{pmatrix}$を行列$\boldsymbol{X}$に，$T$個の誤差$(\varepsilon_1 \cdots \varepsilon_t \cdots \varepsilon_T)'$を列ベクター$\boldsymbol{\varepsilon}$にそれぞれ格納します．これを次の【要素 3】としてまとめます．

■ 要素 3

線形回帰モデル

① 「線形回帰モデル(linear regression model)」とは，レート・リターン$\boldsymbol{y}$を，$\boldsymbol{X\theta}$で表すK個のファクターの加重和(線形結合)で説明＝回帰するモデルのことをいい，次式で表現します．

$$\boldsymbol{y} = \boldsymbol{X\theta} + \boldsymbol{\varepsilon} \tag{1.15}$$

ただし，モデルを構成する各要素は次のようによばれます．

② $\boldsymbol{y} = \begin{pmatrix} y_1 \\ \vdots \\ y_t \\ \vdots \\ y_T \end{pmatrix}$

これは，「被説明変数(dependent variable；従属変数)」とよばれ，T個のレート・リターンなどの観測データを格納するベクター$\mathbb{R}^{T\times 1}$です．

③　$$\boldsymbol{X}=\begin{pmatrix}\boldsymbol{x}_1\\ \vdots\\ \boldsymbol{x}_t\\ \vdots\\ \boldsymbol{x}_T\end{pmatrix}=\begin{pmatrix}x_{1,1} & \cdots & x_{1,k} & \cdots & x_{1,K}\\ \vdots & \ddots & \vdots & \iddots & \vdots\\ x_{t,1} & \cdots & x_{t,k} & \cdots & x_{t,K}\\ \vdots & \iddots & \vdots & \ddots & \vdots\\ x_{T,1} & \cdots & x_{T,k} & \cdots & x_{T,K}\end{pmatrix}$$

これは，「説明変数(independent variable；独立変数)」とよばれ，K種類のファクターに関するT個の観測データを格納する行列$\mathbb{R}^{T\times K}$です．また，データ数Tは，ファクター数Kに比べて大きく，$T>K$であるとします．さらに，$\boldsymbol{X}$の「階数(rank)」について，「フル・ランク(full rank)」であるとします．つまり，次式を仮定します．

$$\mathrm{rank}(\boldsymbol{X})=K \tag{1.16}$$

④　$$\boldsymbol{\theta}=\begin{pmatrix}\theta_1\\ \vdots\\ \theta_k\\ \vdots\\ \theta_K\end{pmatrix}$$

これは，K種類のファクターのそれぞれに重み(加重)をつけるパラメータであり，「回帰係数(regression coefficient)」や「ファクター・ローディング(factor loading)」とよばれるベクター$\mathbb{R}^{K\times 1}$です．

⑤　$$\boldsymbol{\varepsilon}=\begin{pmatrix}\varepsilon_1\\ \vdots\\ \varepsilon_t\\ \vdots\\ \varepsilon_T\end{pmatrix}$$

レート・リターン$\boldsymbol{y}$について，K個のファクターの加重和$\boldsymbol{X\theta}$で説明しきれない部分は「誤差(error)」とよばれ，ベクター$\mathbb{R}^{T\times 1}$で表します．つまり誤差は，次式のように定義されます．

$$\boldsymbol{\varepsilon}\coloneqq\boldsymbol{y}-\boldsymbol{X\theta} \tag{1.17}$$

⑥　切片を含む場合：その場合も，**図1.6**に示すように，式(1.15)の形式の線形回帰モデルに帰着されることに注意します．

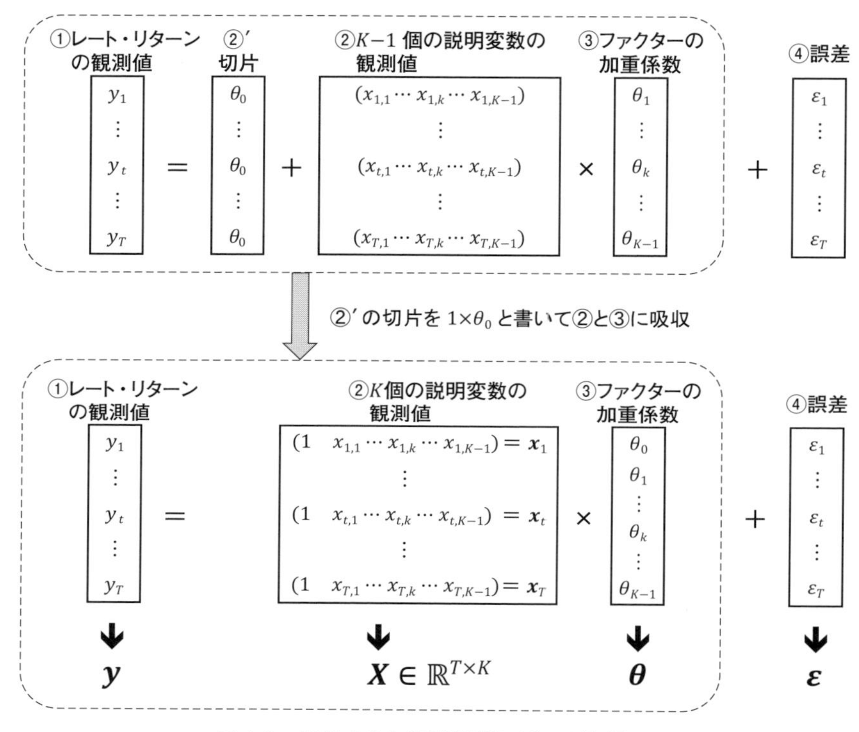

図 1.6　切片を含む線形回帰モデルの取扱い

要素 3 ■

さて，上記【要素 3】の線形回帰モデルにおける誤差項について，本書では重要な次の仮定を置くことにします．

■　要素 4

線形回帰モデルの誤差項の i.i.d 正規性と誤差分散

【要素 3】⑤で定義した，線形回帰モデルの誤差項 $\boldsymbol{\varepsilon}=(\varepsilon_1 \ \cdots \varepsilon_t \ \cdots \varepsilon_T)'$ は「独立で同一な正規分布」に従う確率変数であるとします．具体的には，各期間 t に

おける誤差ε_tが，期待値がゼロ，分散がσ^2であるような同一の正規分布に従うという仮定を置きます．

$$\varepsilon_t = \mathcal{N}(0, \sigma^2) \quad (t = 1, \cdots, T) \tag{1.18}$$

ここで，誤差項の分散を「誤差分散(error variance)」とよぶことにします．そして，期間tと，それとは異なる期間$u\,(\neq t)$における誤差ε_tとε_uとは独立であるとします．よって，誤差ε_tとε_uの共分散はゼロとなります．

$$\varepsilon_t \amalg \varepsilon_u \Rightarrow Cov(\varepsilon_t, \varepsilon_u) = 0 \tag{1.19}$$

ただし，$\amalg$の左と右に記された2つの変数(ここではε_tとε_u)は独立を意味します．このとき，各期間の誤差ε_tについての期待値と分散，および異なる期間の誤差ε_tとε_uとの共分散を以下にまとめます．

① 期待値ベクター

$$E[\varepsilon_t] = 0 \tag{1.20}$$

これを第1巻の【要素 67】の期待値ベクターとして表記すれば，次式のようになります．

$$E[\boldsymbol{\varepsilon}] = E\left[\begin{pmatrix} \varepsilon_1 \\ \vdots \\ \varepsilon_t \\ \vdots \\ \varepsilon_T \end{pmatrix}\right] = \begin{pmatrix} E[\varepsilon_1] \\ \vdots \\ E[\varepsilon_t] \\ \vdots \\ E[\varepsilon_T] \end{pmatrix} = \begin{pmatrix} 0 \\ \vdots \\ 0 \\ \vdots \\ 0 \end{pmatrix} = \mathbf{0} \tag{1.21}$$

② 分散共分散行列

$$V[\varepsilon_t] = Cov(\varepsilon_t, \varepsilon_t) = \sigma^2 \tag{1.22}$$

$$Cov(\varepsilon_t, \varepsilon_u) = E[(\varepsilon_t - E[\varepsilon_t]) \cdot (\varepsilon_u - E[\varepsilon_u])]$$

(∵第1巻の【要素 20】共分散の定義)

$$= E[\varepsilon_t \cdot \varepsilon_u] = 0 \quad (t \neq u) \tag{1.23}$$

これを第1巻の【要素 67】の分散共分散行列として表記をすれば，次式のようになります．

$$V[\boldsymbol{\varepsilon}] = E[(\boldsymbol{\varepsilon} - E[\boldsymbol{\varepsilon}])(\boldsymbol{\varepsilon} - E[\boldsymbol{\varepsilon}])'] = E[\boldsymbol{\varepsilon}\boldsymbol{\varepsilon}']$$

$$
=\begin{pmatrix} Cov(\varepsilon_1,\varepsilon_1) & \cdots & Cov(\varepsilon_1,\varepsilon_t) & \cdots & Cov(\varepsilon_1,\varepsilon_T) \\ \vdots & \ddots & \vdots & \iddots & \vdots \\ Cov(\varepsilon_t,\varepsilon_1) & \cdots & Cov(\varepsilon_t,\varepsilon_t) & \cdots & Cov(\varepsilon_t,\varepsilon_T) \\ \vdots & \iddots & \vdots & \ddots & \vdots \\ Cov(\varepsilon_T,\varepsilon_1) & \cdots & Cov(\varepsilon_T,\varepsilon_t) & \cdots & Cov(\varepsilon_T,\varepsilon_T) \end{pmatrix}
$$

$$
=\begin{pmatrix} \sigma^2 & \cdots & 0 & \cdots & 0 \\ \vdots & \ddots & \vdots & \iddots & \vdots \\ 0 & \cdots & \sigma^2 & \cdots & 0 \\ \vdots & \iddots & \vdots & \ddots & \vdots \\ 0 & \cdots & 0 & \cdots & \sigma^2 \end{pmatrix} = \sigma^2 \cdot \begin{pmatrix} 1 & & \mathbf{O} \\ & \ddots & \\ \mathbf{O} & & 1 \end{pmatrix}
$$

$$
=\sigma^2 \cdot \boldsymbol{I}_T \tag{1.24}
$$

ただし，$\boldsymbol{I}_T$ は T 次元単位行列です．

③　線形回帰モデルの誤差項に関する仮定

上述の①と②は，次式に集約することが可能です．

$$
\boldsymbol{\varepsilon} = \mathcal{N}_T(\mathbf{0},\ \sigma^2 \cdot \boldsymbol{I}_T) \tag{1.25}
$$

この式(1.25)が，本書で採用する線形回帰モデルの誤差項に関する仮定です．

要素4 ■

1.5 （ステップ2）回帰係数 θ の OLS 推定量 $\hat{\theta}$

式(1.17)の誤差 $\boldsymbol{\varepsilon}=\boldsymbol{y}-\boldsymbol{X\theta}$ の2乗誤差を次式のように定義します．

$$
\boldsymbol{\varepsilon}'\boldsymbol{\varepsilon} = \sum_{t=1}^{T} (\boldsymbol{\varepsilon}_t)^2 (\boldsymbol{y}-\boldsymbol{X\theta})'(\boldsymbol{y}-\boldsymbol{X\theta}) = (\boldsymbol{y}'-\boldsymbol{\theta}'\boldsymbol{X}')(\boldsymbol{y}-\boldsymbol{X\theta})
$$

$$
= \boldsymbol{y}'\boldsymbol{y} - \underbrace{\boldsymbol{y}'\boldsymbol{X\theta}}_{=(\boldsymbol{X\theta})'\boldsymbol{y}=\boldsymbol{\theta}'\boldsymbol{X}'\boldsymbol{y}} - \boldsymbol{\theta}'\boldsymbol{X}'\boldsymbol{y} + \boldsymbol{\theta}'\boldsymbol{X}'\boldsymbol{X\theta} = \boldsymbol{\theta}'\boldsymbol{X}'\boldsymbol{X\theta} - 2\boldsymbol{\theta}'\boldsymbol{X}'\boldsymbol{y} + \boldsymbol{y}'\boldsymbol{y} \tag{1.26}
$$

OLS推定量（最小2乗推定量）の基本的な発想は，「観測値 $\boldsymbol{y}$ と統計モデル $\boldsymbol{X\theta}$ との2乗誤差 $\boldsymbol{\varepsilon}'\boldsymbol{\varepsilon}$ を最小にするようなモデル・パラメータ $\hat{\boldsymbol{\theta}}$ を見つけること」にあります．式(1.26)を見ると，モデル・パラメータ $\boldsymbol{\theta}$ に関する2次関数（2次形式）となっています．したがって，無制約条件下での2次計画問題を解くことになります．

$$\left|\begin{array}{ll}\underset{\theta}{\text{minimize}} & \boldsymbol{\varepsilon}'\boldsymbol{\varepsilon} = \boldsymbol{\theta}'\boldsymbol{X}'\boldsymbol{X}\boldsymbol{\theta} - 2\boldsymbol{\theta}'\boldsymbol{X}'\boldsymbol{y} + \boldsymbol{y}'\boldsymbol{y} \\ \text{subject to} & \boldsymbol{\theta} \in \mathbb{R}^K \end{array}\right. \tag{1.27}$$

第 1 巻の【要素 92】より，上記問題の最適性の条件は，目的関数をモデル・パラメータ $\boldsymbol{\theta}$ について偏微分してゼロ・ベクターと置くことになります．

$$\frac{\partial \boldsymbol{\varepsilon}'\boldsymbol{\varepsilon}}{\partial \boldsymbol{\theta}} = 2\boldsymbol{X}'\boldsymbol{X}\boldsymbol{\theta} - 2\boldsymbol{X}'\boldsymbol{y} = \boldsymbol{0} \quad \Rightarrow \quad \therefore \hat{\boldsymbol{\theta}} = (\boldsymbol{X}'\boldsymbol{X})^{-1} \cdot \boldsymbol{X}'\boldsymbol{y} \tag{1.28}$$

行列とベクターの微分には，第 1 巻の式(6.118)と式(6.119)を利用しました．ただし，$\boldsymbol{X}'\boldsymbol{X}$ は正則行列であり，逆行列 $(\boldsymbol{X}'\boldsymbol{X})^{-1}$ をもつと仮定します．これを早速，【要素 5】としてまとめます．

■ 要素 5

線形回帰モデルの OLS 推定量

(1)　線形回帰モデルの OLS 推定量の定義

線形回帰モデルの回帰係数の OLS 推定量，あるいは最小 2 乗推定量 $\hat{\boldsymbol{\theta}}$ とは，「観測値 $\boldsymbol{y}$ と，【要素 3】の式(1.15)による線形回帰モデル $\boldsymbol{X}\boldsymbol{\theta}$ との 2 乗誤差 $\boldsymbol{\varepsilon}'\boldsymbol{\varepsilon}$ を最小にするようなモデル・パラメータ $\hat{\boldsymbol{\theta}}$」のことをいいます．

(2)　線形回帰モデルの OLS 推定量の公式

【要素 3】の式(1.15)による線形回帰モデルに関する OLS 推定量 $\hat{\boldsymbol{\theta}}$ は，次式で与えられます．

$$\hat{\boldsymbol{\theta}} = (\boldsymbol{X}'\boldsymbol{X})^{-1} \cdot \boldsymbol{X}'\boldsymbol{y} \tag{1.29}$$

回帰係数の OLS 推定量を要素ごとに書き出したものを，次式のように表記します．

$$\hat{\theta}_k = ((\boldsymbol{X}'\boldsymbol{X})^{-1} \cdot \boldsymbol{X}'\boldsymbol{y})_k \quad (k = 1, \cdots, K) \tag{1.30}$$

この式(1.30)は，ファクター k の回帰係数の OLS 推定量を表します．

要素 5 ■

なお，ベクターと行列の微分や逆行列など，ベクターと行列に関する必要な知識は，第 1 巻の 6.9 節「ファイナンスで登場するベクターと行列に関する演算」，および本書の **1.10.1** 項「ファイナンスで登場するベクターと行列に関する演算―その 2」を参考にしてください．本書で必要とされる，ベクターと行列，およびその演算に関する知識をコンパクトにまとめてあります．

1.6 (ステップ 3)パラメータ $\{\theta, \sigma^2\}$ の不偏推定量 $\{\tilde{\theta}, \widetilde{(\sigma^2)}\}$

1.6.1 回帰係数の不偏推定量 $\tilde{\theta}$ は，OLS 推定量 $\hat{\theta}$ と一致

線形回帰モデルの OLS 推定量 $\hat{\boldsymbol{\theta}}$ の性質について調べてみます．OLS 推定量を表す式(1.29)に，線形回帰モデルを表す式(1.15)を代入すれば次式が得られます．

$$\hat{\boldsymbol{\theta}} = (\boldsymbol{X}'\boldsymbol{X})^{-1} \cdot \boldsymbol{X}'\boldsymbol{y} = (\boldsymbol{X}'\boldsymbol{X})^{-1} \cdot \boldsymbol{X}'(\boldsymbol{X}\boldsymbol{\theta} + \boldsymbol{\varepsilon}) = \boldsymbol{\theta} + (\boldsymbol{X}'\boldsymbol{X})^{-1} \cdot \boldsymbol{X}'\boldsymbol{\varepsilon} \tag{1.31}$$

ただし，上式の 3 つ目の等式で，$(\boldsymbol{X}'\boldsymbol{X})^{-1} \cdot \boldsymbol{X}'\boldsymbol{X} = \boldsymbol{I}_K$(単位行列)となることに注意します．よって，上式の両辺に期待値をとれば，第 1 巻の【要素 20】「期待値の線形性」と，$E[\boldsymbol{\varepsilon}] = \boldsymbol{0}$(ゼロ・ベクター)より，次式が成立します．

$$E[\hat{\boldsymbol{\theta}}] = \boldsymbol{\theta} + (\boldsymbol{X}'\boldsymbol{X})^{-1} \cdot \boldsymbol{X}'E[\boldsymbol{\varepsilon}] = \boldsymbol{\theta} \tag{1.32}$$

ある推定量の期待値が真のパラメータに一致するとき，この推定量を「不偏推定量(unbiased estimator)」といいます．ゆえに，線形回帰モデルの OLS 推定量 $\hat{\boldsymbol{\theta}}$ は，$\tilde{\boldsymbol{\theta}}$ と表記する不偏推定量であることがわかります．

1.6.2 誤差分散 σ^2 の不偏推定量 $\widetilde{(\sigma^2)}$ は，残差平方和で予想

さて，線形回帰モデルの OLS 推定量 $\hat{\boldsymbol{\theta}}$ と，説明変数である観測されたファクター $\boldsymbol{X}$ を用いて得るレート・リターンの推定値を「フィット値(fitted value)」とよび，次式として得ることができます．

$$\hat{\boldsymbol{y}} = \boldsymbol{X}\hat{\boldsymbol{\theta}} \tag{1.33}$$

レート・リターンの市場における観測データ $\boldsymbol{y}$ と，フィット値 $\hat{\boldsymbol{y}} = \boldsymbol{X}\hat{\boldsymbol{\theta}}$ との差を次式で定義し，これを「残差(residual)」とよぶことにします.

$$\boldsymbol{e} := \boldsymbol{y} - \hat{\boldsymbol{y}} = \boldsymbol{y} - \boldsymbol{X}\hat{\boldsymbol{\theta}} \tag{1.34}$$

残差を要素ごとに表記すれば次のようになります.

$$\boldsymbol{e} = \begin{pmatrix} e_1 \\ \vdots \\ e_t \\ \vdots \\ e_T \end{pmatrix} = \begin{pmatrix} y_1 - \hat{y}_1 \\ \vdots \\ y_t - \hat{y}_t \\ \vdots \\ y_T - \hat{y}_T \end{pmatrix} = \boldsymbol{y} - \hat{\boldsymbol{y}} \tag{1.35}$$

式(1.34)の右辺の第 2 項は式(1.31)により次式として表せます.

$$\boldsymbol{X}\hat{\boldsymbol{\theta}} = \boldsymbol{X}(\boldsymbol{\theta} + (\boldsymbol{X}'\boldsymbol{X})^{-1}\boldsymbol{X}'\boldsymbol{\varepsilon}) = \boldsymbol{X}\boldsymbol{\theta} + \boldsymbol{X}(\boldsymbol{X}'\boldsymbol{X})^{-1}\boldsymbol{X}'\boldsymbol{\varepsilon} = \boldsymbol{X}\boldsymbol{\theta} + \boldsymbol{P}\boldsymbol{\varepsilon} \tag{1.36}$$

ただし，$\boldsymbol{P}$ を次式のように定義し，これを「射影行列(projection matrix)」とよぶことにします.

$$\boldsymbol{P} := \boldsymbol{X}(\boldsymbol{X}'\boldsymbol{X})^{-1}\boldsymbol{X}' \tag{1.37}$$

本章で利用する射影行列 $\boldsymbol{P}$ の性質は，**1.10.1 項**の【要素 11】にまとめています．さて，式(1.15)の $\boldsymbol{y} = \boldsymbol{X}\boldsymbol{\theta} + \boldsymbol{\varepsilon}$ と，式(1.36)の $\boldsymbol{X}\hat{\boldsymbol{\theta}} = \boldsymbol{X}\boldsymbol{\theta} + \boldsymbol{P}\boldsymbol{\varepsilon}$ を，残差を表す式(1.34)に代入すれば，残差は次式で表現されることがわかります.

$$\boldsymbol{e} = (\boldsymbol{X}\boldsymbol{\theta} + \boldsymbol{\varepsilon}) - (\boldsymbol{X}\boldsymbol{\theta} + \boldsymbol{P}\boldsymbol{\varepsilon}) = (\boldsymbol{I}_T - \boldsymbol{P})\boldsymbol{\varepsilon} \tag{1.38}$$

ここで，次のように予想してみます.

【予想】

次式で表す線形回帰モデルの「残差平方和(RSS：residual sum of squares) $\boldsymbol{e}'\boldsymbol{e}$」は，式(1.18)の誤差項の分数(誤差分数)を表す σ^2 の不偏推定量である.

$$\boldsymbol{e}'\boldsymbol{e} = (e_1 \cdots e_T) \cdot \begin{pmatrix} e_1 \\ \vdots \\ e_T \end{pmatrix} = \sum_{t=1}^{T} (e_t)^2 = (\widetilde{\sigma^2})?? \tag{1.39}$$

この【予想】が正しいのか，①と②の 2 ステップで確認してみます.

①　残差平方和 $\boldsymbol{e}'\boldsymbol{e}$ の展開

$$\boldsymbol{e}'\boldsymbol{e} = ((\boldsymbol{I}_T - \boldsymbol{P})\boldsymbol{\varepsilon})' \cdot ((\boldsymbol{I}_T - \boldsymbol{P})\boldsymbol{\varepsilon})$$ （∵式(1.38)を代入）

$$= \boldsymbol{\varepsilon}'(\boldsymbol{I}_T - \boldsymbol{P})' (\boldsymbol{I}_T - \boldsymbol{P})\boldsymbol{\varepsilon}$$

（∵第１巻の式(6.116)より）

$$= \boldsymbol{\varepsilon}'(\boldsymbol{I}_T' - \boldsymbol{P}')(\boldsymbol{I}_T - \boldsymbol{P})\boldsymbol{\varepsilon} = \boldsymbol{\varepsilon}'(\boldsymbol{I}_T - \boldsymbol{P})(\boldsymbol{I}_T - \boldsymbol{P})\boldsymbol{\varepsilon}$$

（∵単位行列 $\boldsymbol{I}_T$ と射影行列 $\boldsymbol{P}$（【要素 11】を参照）は対称行列）

$$= \boldsymbol{\varepsilon}'(\boldsymbol{I}_T^2 - \boldsymbol{I}_T\boldsymbol{P} - \boldsymbol{P}\boldsymbol{I}_T + \boldsymbol{P}^2)\boldsymbol{\varepsilon} = \boldsymbol{\varepsilon}'(\boldsymbol{I}_T - \boldsymbol{P} - \boldsymbol{P} + \boldsymbol{P})\boldsymbol{\varepsilon}$$

（∵【要素 11】②より $\boldsymbol{P}^2 = \boldsymbol{P}$）

$$= \boldsymbol{\varepsilon}'(\boldsymbol{I}_T - \boldsymbol{P})\boldsymbol{\varepsilon} \tag{1.40}$$

② 残差平方和 $\boldsymbol{e}'\boldsymbol{e}$ の期待値

式(1.40)に期待値をとれば，次式のようになります．

$$E[\boldsymbol{e}'\boldsymbol{e}] = E[\boldsymbol{\varepsilon}'(\boldsymbol{I}_T - \boldsymbol{P})\boldsymbol{\varepsilon}] = E[\mathrm{tr}(\underbrace{\boldsymbol{\varepsilon}'}_{\boldsymbol{A}}\underbrace{(\boldsymbol{I}_T - \boldsymbol{P})\boldsymbol{\varepsilon}}_{\boldsymbol{B}})]$$

$$= E[\mathrm{tr}(\underbrace{(\boldsymbol{I}_T - \boldsymbol{P})\boldsymbol{\varepsilon}}_{\boldsymbol{B}}\underbrace{\boldsymbol{\varepsilon}'}_{\boldsymbol{A}})]$$

（∵【要素 13】⑥）

$$= \mathrm{tr}((\boldsymbol{I}_T - \boldsymbol{P})E[\boldsymbol{\varepsilon}\boldsymbol{\varepsilon}'])$$ （∵【要素 13】⑧）

$$= \mathrm{tr}((\boldsymbol{I}_T - \boldsymbol{P})(\sigma^2 \cdot \boldsymbol{I}_T))$$ （∵式(1.24)）

$$= \sigma^2 \cdot \mathrm{tr}(\boldsymbol{I}_T - \boldsymbol{P}) = \sigma^2 \cdot (\mathrm{tr}(\boldsymbol{I}_T) - \mathrm{tr}(\boldsymbol{P}))$$

（∵【要素 13】②と①）

$$= \sigma^2 \cdot (T - \mathrm{rank}(\boldsymbol{X}))$$ （∵【要素 13】⑦）

$$= \sigma^2 \cdot (T - K) \tag{1.41}$$ （∵【要素 3】③式(1.16)の仮定）

ただし，最後から２番目の等式において，T 次元の単位行列 $\boldsymbol{I}_T$ の対角成分には１が T 個だけ並びますので，その対角成分の合計，つまり $\boldsymbol{I}_T$ のトレースは T になります．

さて，式(1.41)は，「式(1.39)で表す線形回帰モデルの残差平方和 $\boldsymbol{e}'\boldsymbol{e}$ は，σ^2 の不偏推定量 $(\widetilde{\sigma^2})$ である」という【予想】が少し外れていたことを意味しています．$E[\boldsymbol{e}'\boldsymbol{e}] \neq \sigma^2$ とならないからです．しかし，式(1.41)は σ^2 の不偏推定量の予想を提供しています．つまり，残差平方和 $\boldsymbol{e}'\boldsymbol{e}$ を $(T-K)$ で割ったものを

次式の$\widetilde{(\sigma^2)}$と定義します.

$$\widetilde{(\sigma^2)} := \frac{1}{T-K} \cdot \boldsymbol{e}'\boldsymbol{e} \tag{1.42}$$

式(1.42)の両辺に期待値をとれば，次式のようになります.

$$\begin{aligned} E[\widetilde{(\sigma^2)}] &= \frac{1}{T-K} \cdot E[\boldsymbol{e}'\boldsymbol{e}] \\ &= \frac{1}{T-K} \cdot \sigma^2 \cdot (T-K) \quad (\because 式(1.41)より) \\ &= \sigma^2 \end{aligned} \tag{1.43}$$

したがって，式(1.42)で定義する$\widetilde{(\sigma^2)}$が，真のパラメータσ^2の不偏推定量になることがわかります.

1.6.3　(ステップ3)のまとめ

本節のまとめとして，線形回帰モデルのパラメータ $\{\boldsymbol{\theta}, \sigma^2\}$ の不偏推定量 $\{\tilde{\boldsymbol{\theta}}, \widetilde{(\sigma^2)}\}$ を要素としてまとめます.

■　要素6

パラメータ $\{\theta, \sigma^2\}$ の不偏推定量 $\{\tilde{\theta}, \widetilde{(\sigma^2)}\}$

(1)　回帰係数θの不偏推定量$\tilde{\theta}$はOLS推定量$\hat{\theta}$

$$\tilde{\boldsymbol{\theta}} = \hat{\boldsymbol{\theta}} = (\boldsymbol{X}'\boldsymbol{X})^{-1} \cdot \boldsymbol{X}'\boldsymbol{y} \tag{1.44}$$

(2)　誤差分散σ^2の不偏推定量$\widetilde{(\sigma^2)}$

$$\widetilde{(\sigma^2)} = \frac{\boldsymbol{e}'\boldsymbol{e}}{T-K} = \frac{(\boldsymbol{y}-\boldsymbol{X}\hat{\boldsymbol{\theta}})'(\boldsymbol{y}-\boldsymbol{X}\hat{\boldsymbol{\theta}})}{T-K} \tag{1.45}$$

要素6　■

1.7 (ステップ4)回帰係数θのOLS推定量$\hat{\theta}$が従う分布

式(1.31)を再掲すれば，回帰係数$\boldsymbol{\theta}$のOLS推定量$\hat{\boldsymbol{\theta}}$は次式で与えられます．

$$\hat{\boldsymbol{\theta}} = \boldsymbol{\theta} + (\boldsymbol{X}'\boldsymbol{X})^{-1} \cdot \boldsymbol{X}'\boldsymbol{\varepsilon} \quad (1.46)$$

【要素4】の式(1.25)より，$\boldsymbol{\varepsilon} = \mathcal{N}_T(\mathbf{0}, \sigma^2 \cdot \boldsymbol{I}_T)$を式(1.46)に代入します．そのうえで，第2巻の【要素24】にある式(2.58)の「多次元正規分布の括り入れ・括り出しルール」を，$(\boldsymbol{X}'\boldsymbol{X})^{-1} \cdot \boldsymbol{X}'$の行列サイズが$(K, T)$であることに注意しながら適用します．

$$\begin{aligned}
\hat{\boldsymbol{\theta}} &= \boldsymbol{\theta} + (\boldsymbol{X}'\boldsymbol{X})^{-1} \cdot \boldsymbol{X}' \cdot \mathcal{N}_T(\mathbf{0}, \sigma^2 \cdot \boldsymbol{I}_T) \\
&= \mathcal{N}_K(\boldsymbol{\theta} + (\boldsymbol{X}'\boldsymbol{X})^{-1} \cdot \boldsymbol{X}' \cdot \mathbf{0}, \{(\boldsymbol{X}'\boldsymbol{X})^{-1} \cdot \boldsymbol{X}'\} \cdot (\sigma^2 \cdot \boldsymbol{I}_T) \cdot \{(\boldsymbol{X}'\boldsymbol{X})^{-1} \cdot \boldsymbol{X}'\}') \\
&\quad (\because \text{第2巻の式}(2.58)) \\
&= \mathcal{N}_K(\boldsymbol{\theta}, \sigma^2 \cdot (\boldsymbol{X}'\boldsymbol{X})^{-1} \cdot \boldsymbol{X}' \cdot \boldsymbol{X} \cdot \{(\boldsymbol{X}'\boldsymbol{X})^{-1}\}') \\
&\quad (\because \text{順序を入れ替えながら転置}) \\
&= \mathcal{N}_K(\boldsymbol{\theta}, \sigma^2 \cdot (\boldsymbol{X}'\boldsymbol{X})^{-1} \cdot \underbrace{(\boldsymbol{X}' \cdot \boldsymbol{X} \cdot (\boldsymbol{X}'\boldsymbol{X})^{-1})}_{=\boldsymbol{I}_K} \quad (\because \text{式}(1.86)) \\
&= \mathcal{N}_K(\boldsymbol{\theta}, \sigma^2 \cdot (\boldsymbol{X}'\boldsymbol{X})^{-1})
\end{aligned} \quad (1.47)$$

よって，回帰係数$\boldsymbol{\theta}$のOLS推定量$\hat{\boldsymbol{\theta}}$は，$K$次元正規分布$\mathcal{N}_K(\boldsymbol{\theta}, \sigma^2 \cdot (\boldsymbol{X}'\boldsymbol{X})^{-1})$に従うことがわかります．

また，回帰係数の要素ごとのOLS推定量$\hat{\theta}_k$は，【要素14】②にもとづき，式(1.47)で得られた$\hat{\boldsymbol{\theta}}$の第$k$要素を，次式の1次元正規分布として抽出したものになります．

$$\hat{\theta}_k = \mathcal{N}_1(\theta_k, \sigma^2 \cdot ((\boldsymbol{X}'\boldsymbol{X})^{-1})_{(k,k)}) \quad (k = 1, \cdots, K) \quad (1.48)$$

ただし，$((\boldsymbol{X}'\boldsymbol{X})^{-1})_{(k,k)}$は，$(\boldsymbol{X}'\boldsymbol{X})^{-1}$の第$k$行・第$k$列の要素を表します．本節の(ステップ4)として得られた結果を要素としてまとめます．

■ 要素7

回帰係数の OLS 推定量$\hat{\theta}$が従う分布

① 回帰係数$\boldsymbol{\theta}$の OLS 推定量$\hat{\boldsymbol{\theta}}$は，式(1.47)より，次の$K$次元正規分布に従います．

$$\hat{\boldsymbol{\theta}} = \mathcal{N}_K(\boldsymbol{\theta}, \sigma^2 \cdot (\boldsymbol{X}'\boldsymbol{X})^{-1}) \tag{1.49}$$

② 要素ごとに書き直せば，式(1.48)より，次式の1次元正規分布に従います．

$$\hat{\theta}_k = \mathcal{N}_1(\theta_k, \sigma^2 \cdot ((\boldsymbol{X}'\boldsymbol{X})^{-1})_{(k,k)}) \tag{1.50}$$

ただし，$((\boldsymbol{X}'\boldsymbol{X})^{-1})_{(k,k)}$は，$(\boldsymbol{X}'\boldsymbol{X})^{-1}$の第$k$行・第$k$列の要素を表します．

要素7 ■

1.8 (ステップ5)回帰係数θの OLS 推定量$\hat{\theta}$のZ変換とT変換

(ステップ4)の【要素7】より，回帰係数の OLS 推定量$\hat{\boldsymbol{\theta}}$は正規分布に従うことがわかりました．この結果を利用して，この回帰係数の OLS 推定量$\hat{\boldsymbol{\theta}}$の性質についてさらに分析を行うために，まず「正規分布の標準化」を行います．「正規分布の標準化」は，「Z変換」ともよばれます．この「Z変換(標準化)」は，真の誤差分散σ^2がわかっているという，「既知」の場合に行うことができます．一方，現実世界では，市場から観測された説明変数$\boldsymbol{X}$と被説明変数$\boldsymbol{y}$のペア・データ$\{\boldsymbol{y}, \boldsymbol{X}\}$のみが得られているだけで，真の誤差分散$\sigma^2$はわからず「未知」です．その場合には，「$Z$変換(標準化)」の代わりに，「$T$変換」を行います．

1.8.1 OLS 推定量$\hat{\theta}$のZ変換

正規分布に従う回帰係数の OLS 推定量$\hat{\boldsymbol{\theta}}$について，「正規分布の標準化($Z$

変換)」を行います．その前提として，真の誤差分散 σ^2 が既知であることを仮定します．

まず，式(1.49)による OLS 推定量 $\hat{\boldsymbol{\theta}}$ が従う $\mathcal{N}_K(\boldsymbol{\theta}, \sigma^2 \cdot (\boldsymbol{X}'\boldsymbol{X})^{-1})$ の分散共分散行列を構成する $(\boldsymbol{X}'\boldsymbol{X})^{-1}$ が次式のように書き直せることに着目します．

$$(\boldsymbol{X}'\boldsymbol{X})^{-1} = (\boldsymbol{X}'\boldsymbol{X})^{-\frac{1}{2}} \cdot (\boldsymbol{X}'\boldsymbol{X})^{-\frac{1}{2}} = (\boldsymbol{X}'\boldsymbol{X})^{-\frac{1}{2}} \cdot \{(\boldsymbol{X}'\boldsymbol{X})^{-\frac{1}{2}}\}' \quad (\because\text{【要素 12】③})$$
$$= (\boldsymbol{X}'\boldsymbol{X})^{-\frac{1}{2}} \cdot \boldsymbol{I}_K \cdot \{(\boldsymbol{X}'\boldsymbol{X})^{-\frac{1}{2}}\}' \tag{1.51}$$

これを利用して，式(1.49)による OLS 推定量 $\hat{\boldsymbol{\theta}}$ の Z 変換は，第 2 巻の【要素 24】の式(2.58)の「多次元正規分布の括り入れ・括り出しルール」を適用して得られます．

$$\hat{\boldsymbol{\theta}} = \mathcal{N}_K(\boldsymbol{\theta}, \sigma^2 \cdot (\boldsymbol{X}'\boldsymbol{X})^{-\frac{1}{2}} \cdot \boldsymbol{I}_K \cdot \{(\boldsymbol{X}'\boldsymbol{X})^{-\frac{1}{2}}\}')$$
$$= \mathcal{N}_K(\boldsymbol{\theta}, \{\sigma \cdot (\boldsymbol{X}'\boldsymbol{X})^{-\frac{1}{2}}\} \cdot \boldsymbol{I}_K \cdot \{\sigma \cdot (\boldsymbol{X}'\boldsymbol{X})^{-\frac{1}{2}}\}')$$
$$= \boldsymbol{\theta} + \{\sigma \cdot (\boldsymbol{X}'\boldsymbol{X})^{-\frac{1}{2}}\} \cdot \mathcal{N}_K(\boldsymbol{0}, \boldsymbol{I}_K) \quad (\because\text{第 2 巻の式(2.58)})$$
$$\Leftrightarrow \hat{\boldsymbol{\theta}} - \boldsymbol{\theta} = \{\sigma \cdot (\boldsymbol{X}'\boldsymbol{X})^{-\frac{1}{2}}\} \cdot \mathcal{N}_K(\boldsymbol{0}, \boldsymbol{I}_K) \quad (\because \boldsymbol{\theta}\text{ の移項})$$
$$\Leftrightarrow \{\sigma \cdot (\boldsymbol{X}'\boldsymbol{X})^{-\frac{1}{2}}\}^{-1} \cdot (\hat{\boldsymbol{\theta}} - \boldsymbol{\theta}) = \mathcal{N}_K(\boldsymbol{0}, \boldsymbol{I}_K)$$
$$\Leftrightarrow \frac{1}{\sigma} \cdot (\boldsymbol{X}'\boldsymbol{X})^{\frac{1}{2}} \cdot (\hat{\boldsymbol{\theta}} - \boldsymbol{\theta}) = \mathcal{N}_K(\boldsymbol{0}, \boldsymbol{I}_K) \tag{1.52}$$

ただし，最後から 2 番目の式変形において，左から $\{\sigma \cdot (\boldsymbol{X}'\boldsymbol{X})^{-\frac{1}{2}}\}^{-1}$ を掛けました．また，回帰係数の要素ごとの OLS 推定量 $\hat{\theta}_k$ は式(1.50)として与えられるので，$\hat{\theta}_k$ の Z 変換は第 2 巻の【要素 13】「正規分布の括り入れ・括り出しルール 1」より，次式となります．

$$\hat{\theta}_k = \mathcal{N}_1(\theta_k, \sigma^2 \cdot ((\boldsymbol{X}'\boldsymbol{X})^{-1})_{(k,k)}) = \theta_k + \sigma \cdot \sqrt{((\boldsymbol{X}'\boldsymbol{X})^{-1})_{(k,k)}} \cdot \mathcal{N}_1(0, 1)$$
$$\Leftrightarrow \frac{\hat{\theta}_k - \theta_k}{\sigma \cdot \sqrt{((\boldsymbol{X}'\boldsymbol{X})^{-1})_{(k,k)}}} = \mathcal{N}_1(0, 1) \tag{1.53}$$

この式(1.52)と式(1.53)の結果を次の要素としてまとめます．

■ 要素8

OLS推定量$\hat{\theta}$のZ変換（標準化）

① 「Z変換（標準化）した回帰係数のOLS推定量$\hat{\boldsymbol{\theta}}^{(Z)}$」は式(1.52)によって与えられ，これを改めて，次式のように表記します．

$$\hat{\boldsymbol{\theta}}^{(Z)} := \frac{1}{\sigma} \cdot (\boldsymbol{X}'\boldsymbol{X})^{\frac{1}{2}} \cdot (\hat{\boldsymbol{\theta}} - \boldsymbol{\theta}) = \mathcal{N}_K(\mathbf{0}, \boldsymbol{I}_K) \tag{1.54}$$

② また，「Z変換した回帰係数の要素ごとのOLS推定量$\hat{\theta}_k$」は式(1.53)によって与えられ，これを改めて，次式のように表記します．

$$\hat{\theta}_k^{(Z)} := \frac{\hat{\theta}_k - \theta_k}{\sigma \cdot \sqrt{((\boldsymbol{X}'\boldsymbol{X})^{-1})_{(k,k)}}} = \mathcal{N}_1(0, 1) \tag{1.55}$$

要素8 ■

1.8.2　OLS推定量$\hat{\theta}$のT変換

線形回帰モデルを表す式(1.15)の誤差項ε_t $(t=1, \cdots, T)$に着目します．ただし，【要素4】の式(1.18)および式(1.25)より，誤差項ε_tは正規分布$\mathcal{N}(0, \sigma^2)$に従うので，これを第2巻の【要素13】「正規分布の括り入れ・括り出しルール1」を適用して標準化したものをZ_tと置きます．

$$\varepsilon_t = \mathcal{N}(0, \sigma^2) = \sigma \cdot \mathcal{N}(0, 1) = \sigma \cdot Z_t \Leftrightarrow Z_t := \frac{1}{\sigma} \cdot \varepsilon_t = \mathcal{N}(0, 1) \tag{1.56}$$

この標準化した誤差項Z_tに関し，「平方和(sum of squares)」を求めます．

$$\begin{aligned}
&\sum_{t=1}^{T} (Z_t)^2 = \underbrace{(\mathcal{N}(0, 1))^2 + \cdots + (\mathcal{N}(0, 1))^2}_{T\text{個}} \\
&\Leftrightarrow (Z_1 \cdots Z_T) \cdot \begin{pmatrix} Z_1 \\ \vdots \\ Z_T \end{pmatrix} = \sum_{t=1}^{T} \left(\frac{1}{\sigma} \cdot \varepsilon_t \right)^2 = \frac{1}{\sigma^2} (\varepsilon_1 \cdots \varepsilon_T) \cdot \begin{pmatrix} \varepsilon_1 \\ \vdots \\ \varepsilon_T \end{pmatrix} \\
&\Leftrightarrow \boldsymbol{Z}'\boldsymbol{Z} = \frac{1}{\sigma^2} \cdot \boldsymbol{\varepsilon}'\boldsymbol{\varepsilon}
\end{aligned} \tag{1.57}$$

上式(1.57)を議論の出発点とし，その右辺に，式(1.17)を代入して展開します．

$$\boldsymbol{Z}'\boldsymbol{Z}=\frac{1}{\sigma^2}\cdot\boldsymbol{\varepsilon}'\boldsymbol{\varepsilon}=\frac{1}{\sigma^2}\cdot(\boldsymbol{y}-\boldsymbol{X\theta})'(\boldsymbol{y}-\boldsymbol{X\theta})\quad(\because\text{式}(1.17))$$

$$=\frac{1}{\sigma^2}\cdot[(\boldsymbol{y}-\boldsymbol{X}\hat{\boldsymbol{\theta}})+(\boldsymbol{X}\hat{\boldsymbol{\theta}}-\boldsymbol{X\theta})]'[(\boldsymbol{y}-\boldsymbol{X}\hat{\boldsymbol{\theta}})+(\boldsymbol{X}\hat{\boldsymbol{\theta}}-\boldsymbol{X\theta})]$$

$(\because -\boldsymbol{X}\hat{\boldsymbol{\theta}}+\boldsymbol{X}\hat{\boldsymbol{\theta}}$ を挿入)

$$=\frac{1}{\sigma^2}\cdot[(\boldsymbol{y}-\boldsymbol{X}\hat{\boldsymbol{\theta}})'(\boldsymbol{y}-\boldsymbol{X}\hat{\boldsymbol{\theta}})+2(\boldsymbol{y}-\boldsymbol{X}\hat{\boldsymbol{\theta}})'(\boldsymbol{X}\hat{\boldsymbol{\theta}}-\boldsymbol{X\theta})$$

$$+(\boldsymbol{X}\hat{\boldsymbol{\theta}}-\boldsymbol{X\theta})'(\boldsymbol{X}\hat{\boldsymbol{\theta}}-\boldsymbol{X\theta})]\tag{1.58}$$

上式(1.58)の右辺を構成する3つの項がどのように展開できるか見ていきます．

① 右辺第1項

$$\frac{1}{\sigma^2}\cdot(\boldsymbol{y}-\boldsymbol{X}\hat{\boldsymbol{\theta}})'(\boldsymbol{y}-\boldsymbol{X}\hat{\boldsymbol{\theta}})=\frac{1}{\sigma^2}\cdot\boldsymbol{e}'\boldsymbol{e}\quad(\because\text{式}(1.34)\text{より})$$

$$=\frac{T-K}{\sigma^2}\cdot(\widetilde{\sigma^2})\quad(\because\text{式}(1.45)\text{より})\tag{1.59}$$

つまり，右辺第1項は，誤差分散の不偏推定量$(\widetilde{\sigma^2})$を含んだ表現になります．

② 右辺第2項

$$\frac{2}{\sigma^2}\cdot(\boldsymbol{y}-\boldsymbol{X}\hat{\boldsymbol{\theta}})'(\boldsymbol{X}\hat{\boldsymbol{\theta}}-\boldsymbol{X\theta})$$

$$=\frac{2}{\sigma^2}\cdot\boldsymbol{e}'\{(\boldsymbol{X\theta}+\boldsymbol{P\varepsilon})-\boldsymbol{X\theta}\}\quad(\because\text{式}(1.34)，\text{式}(1.36)\text{より})$$

$$=\frac{2}{\sigma^2}\cdot\{(\boldsymbol{I}_T-\boldsymbol{P})\boldsymbol{\varepsilon}\}'\boldsymbol{P\varepsilon}=\frac{2}{\sigma^2}\cdot\boldsymbol{\varepsilon}'(\boldsymbol{I}_T{}'-\boldsymbol{P}')\cdot\boldsymbol{P\varepsilon}\quad(\because\text{式}(1.38)\text{より})$$

$$=\frac{2}{\sigma^2}\cdot\boldsymbol{\varepsilon}'(\boldsymbol{P}-\boldsymbol{P}'\cdot\boldsymbol{P})\boldsymbol{\varepsilon}=\frac{2}{\sigma^2}\cdot\boldsymbol{\varepsilon}'(\boldsymbol{P}-\boldsymbol{P})\boldsymbol{\varepsilon}\quad(\because\text{【要素 11】より})$$

$$=0 \tag{1.60}$$

つまり，右辺第 2 項はゼロです．

③ 右辺第 3 項

$$\frac{1}{\sigma^2}\cdot(\boldsymbol{X}\hat{\boldsymbol{\theta}}-\boldsymbol{X}\boldsymbol{\theta})'(\boldsymbol{X}\hat{\boldsymbol{\theta}}-\boldsymbol{X}\boldsymbol{\theta})=\frac{1}{\sigma^2}\cdot\{\boldsymbol{X}(\hat{\boldsymbol{\theta}}-\boldsymbol{\theta})\}'\boldsymbol{X}(\hat{\boldsymbol{\theta}}-\boldsymbol{\theta})$$

$$=\frac{1}{\sigma^2}\cdot(\hat{\boldsymbol{\theta}}-\boldsymbol{\theta})'\boldsymbol{X}'\boldsymbol{X}(\hat{\boldsymbol{\theta}}-\boldsymbol{\theta})=\frac{1}{\sigma^2}\cdot(\hat{\boldsymbol{\theta}}-\boldsymbol{\theta})'\{(\boldsymbol{X}'\boldsymbol{X})^{\frac{1}{2}}\}'\{(\boldsymbol{X}'\boldsymbol{X})^{\frac{1}{2}}\}(\hat{\boldsymbol{\theta}}-\boldsymbol{\theta})$$

（∵【要素 12】③）

$$=\left\{\frac{1}{\sigma}\cdot(\boldsymbol{X}'\boldsymbol{X})^{\frac{1}{2}}(\hat{\boldsymbol{\theta}}-\boldsymbol{\theta})\right\}'\left\{\frac{1}{\sigma}\cdot(\boldsymbol{X}'\boldsymbol{X})^{\frac{1}{2}}(\hat{\boldsymbol{\theta}}-\boldsymbol{\theta})\right\}=\hat{\boldsymbol{\theta}}^{(Z)\prime}\hat{\boldsymbol{\theta}}^{(Z)} \tag{1.61}$$

最後の等式では，式(1.54)を代入しています．つまり，右辺第 3 項は，「「Z 変換（標準化）」した回帰係数の OLS 推定量 $\hat{\boldsymbol{\theta}}^{(Z)}$」の内積（ノルムの 2 乗，あるいは $\hat{\boldsymbol{\theta}}^{(Z)}$ を構成する各要素 $\hat{\theta}_k^{(Z)}$ の平方和）になります．

上記①②③で得られた式(1.59)，式(1.60)，式(1.61)を，式(1.58)に代入すれば，標準化した誤差項の平方和 $\boldsymbol{Z}'\boldsymbol{Z}$ について第 1 の表現が得られます．

$$\boldsymbol{Z}'\boldsymbol{Z}=\frac{1}{\sigma^2}\cdot\boldsymbol{\varepsilon}'\boldsymbol{\varepsilon}=\frac{T-K}{\sigma^2}\cdot(\widetilde{\sigma^2})+\hat{\boldsymbol{\theta}}^{(Z)\prime}\hat{\boldsymbol{\theta}}^{(Z)} \tag{1.62}$$

一方，標準化した誤差項の平方和 $\boldsymbol{Z}'\boldsymbol{Z}$ についての第 2 の表現として，式(1.58)の第 1 項，第 2 項，第 3 項にそれぞれ，式(1.34)，式(1.60)，式(1.36)を代入すれば，次のようになります．

$$\boldsymbol{Z}'\boldsymbol{Z}=\frac{1}{\sigma^2}\cdot\boldsymbol{\varepsilon}'\boldsymbol{\varepsilon}$$

$$=\frac{1}{\sigma^2}\cdot[(\boldsymbol{y}-\boldsymbol{X}\hat{\boldsymbol{\theta}})'(\boldsymbol{y}-\boldsymbol{X}\hat{\boldsymbol{\theta}})+2(\boldsymbol{y}-\boldsymbol{X}\hat{\boldsymbol{\theta}})'(\boldsymbol{X}\hat{\boldsymbol{\theta}}-\boldsymbol{X}\boldsymbol{\theta})$$
$$+(\boldsymbol{X}\hat{\boldsymbol{\theta}}-\boldsymbol{X}\boldsymbol{\theta})'(\boldsymbol{X}\hat{\boldsymbol{\theta}}-\boldsymbol{X}\boldsymbol{\theta})]$$

$$=\frac{1}{\sigma^2}\cdot[\boldsymbol{e}'\boldsymbol{e}+\{(\boldsymbol{X}\boldsymbol{\theta}+\boldsymbol{P}\boldsymbol{\varepsilon})-\boldsymbol{X}\boldsymbol{\theta}\}'\{(\boldsymbol{X}\boldsymbol{\theta}+\boldsymbol{P}\boldsymbol{\varepsilon})-\boldsymbol{X}\boldsymbol{\theta}\}]$$

（∵式(1.34)，式(1.60)，式(1.36)）

$$= \frac{1}{\sigma^2} \cdot [((\boldsymbol{I}_T - \boldsymbol{P})\boldsymbol{\varepsilon})' (\boldsymbol{I}_T - \boldsymbol{P})\boldsymbol{\varepsilon} + (\boldsymbol{P\varepsilon})'\boldsymbol{P\varepsilon}] \quad (\because 式(1.38)より)$$

$$= \frac{1}{\sigma^2} \cdot [\boldsymbol{\varepsilon}'(\boldsymbol{I}_T{}' - \boldsymbol{P}')(\boldsymbol{I}_T - \boldsymbol{P})\boldsymbol{\varepsilon} + \boldsymbol{\varepsilon}'\boldsymbol{P}'\boldsymbol{P\varepsilon}]$$

$$= \frac{1}{\sigma^2} \cdot [\boldsymbol{\varepsilon}'(\boldsymbol{I}_T - \boldsymbol{P})(\boldsymbol{I}_T - \boldsymbol{P})\boldsymbol{\varepsilon} + \boldsymbol{\varepsilon}'\boldsymbol{PP\varepsilon}] \quad (\because【要素 11】①より)$$

$$= \frac{1}{\sigma^2} \cdot [\boldsymbol{\varepsilon}'(\boldsymbol{I}_T - 2\boldsymbol{P} + \boldsymbol{P}^2)\boldsymbol{\varepsilon} + \boldsymbol{\varepsilon}'\boldsymbol{P}^2\boldsymbol{\varepsilon}]$$

$$= \frac{1}{\sigma^2} \cdot [\boldsymbol{\varepsilon}'(\boldsymbol{I}_T - \boldsymbol{P})\boldsymbol{\varepsilon} + \boldsymbol{\varepsilon}'\boldsymbol{P\varepsilon}] \quad (\because【要素 11】②より)$$

$$= \left(\frac{1}{\sigma}\boldsymbol{\varepsilon}\right)'(\boldsymbol{I}_T - \boldsymbol{P})\left(\frac{1}{\sigma}\boldsymbol{\varepsilon}\right) + \left(\frac{1}{\sigma}\boldsymbol{\varepsilon}\right)'\boldsymbol{P}\left(\frac{1}{\sigma}\boldsymbol{\varepsilon}\right)$$

$$= \underbrace{\boldsymbol{Z}'(\boldsymbol{I}_T - \boldsymbol{P})\boldsymbol{Z}}_{\coloneqq Q_1} + \underbrace{\boldsymbol{Z}'\boldsymbol{PZ}}_{\coloneqq Q_2} \quad (\because 式(1.57)より)$$

$$= Q_1 + Q_2 \tag{1.63}$$

ただし，上式(1.63)の右辺を構成する2つの項について，次のように定義します．

$$Q_1 \coloneqq \boldsymbol{Z}'(\boldsymbol{I}_T - \boldsymbol{P})\boldsymbol{Z} \tag{1.64}$$

$$Q_2 \coloneqq \boldsymbol{Z}'\boldsymbol{PZ} \tag{1.65}$$

また，Q_1 と Q_2 を構成する $\boldsymbol{I}_T - \boldsymbol{P}$ と $\boldsymbol{P}$ のランクはそれぞれ，次の2式のようになります．

$$\mathrm{rank}(\boldsymbol{I}_T - \boldsymbol{P}) = \mathrm{rank}(\boldsymbol{I}_T) - \mathrm{rank}(\boldsymbol{P}) = T - \mathrm{rank}(\boldsymbol{X}) = T - K \tag{1.66}$$

$$\mathrm{rank}(\boldsymbol{P}) = \mathrm{rank}(\boldsymbol{X}) = K \tag{1.67}$$

ただし，式(1.66)と式(1.67)の両式において，最後から2つ目の等式における $\mathrm{rank}(\boldsymbol{P}) = \mathrm{rank}(\boldsymbol{X})$ は【要素 11】③，最後の等式における $\mathrm{rank}(\boldsymbol{X}) = K$ は【要素 3】③の式(1.16)より成立します．よって，$\boldsymbol{I}_T - \boldsymbol{P}$ と $\boldsymbol{P}$ のランクの合計は，次式で与えられます．

$$\mathrm{rank}(\boldsymbol{I}_T - \boldsymbol{P}) + \mathrm{rank}(\boldsymbol{P}) = (T - K) + K = T \tag{1.68}$$

以上より，式(1.63)に【要素16】「Cochranの定理」を適用することができます．すなわち，Q_1とQ_2は独立に，自由度$T-K$のカイ2乗分布$\chi^2(T-K)$と，自由度Kのカイ2乗分布$\chi^2(K)$に従います．さらに，Q_1とQ_2はそれぞれ，式(1.62)の右辺の第1項と第2項で与えられます．ゆえに，次の2式が成立します．

$$Q_1 = \boldsymbol{Z}'(\boldsymbol{I}_T - \boldsymbol{P})\boldsymbol{Z} = \frac{T-K}{\sigma^2} \cdot \widetilde{(\sigma^2)} = \underbrace{(\mathcal{N}(0,1))^2 + \cdots + (\mathcal{N}(0,1))^2}_{T-K\text{個}}$$
$$= \chi^2(T-K) \tag{1.69}$$

$$Q_2 = \boldsymbol{Z}'\boldsymbol{P}\boldsymbol{Z} = (\hat{\boldsymbol{\theta}}^{(Z)})'\hat{\boldsymbol{\theta}}^{(Z)} = \sum_{k=1}^{K} (\hat{\theta}_k^{(Z)})^2 = \underbrace{(\mathcal{N}(0,1))^2 + \cdots + (\mathcal{N}(0,1))^2}_{K\text{個}}$$
$$= \chi^2(K) \tag{1.70}$$

以上の議論より，次の【要素9】を導くことができます．

■　要素9

OLS推定量$\hat{\theta}$のT変換，t統計量，およびt値

(1)　Z変換した回帰係数のOLS推定量と，誤差分散の不偏推定量の独立性と分布

①　Z変換(標準化)した回帰係数のOLS推定量$\hat{\boldsymbol{\theta}}^{(Z)}$の平方和$(\hat{\boldsymbol{\theta}}^{(Z)})'\hat{\boldsymbol{\theta}}^{(Z)}$ $(= Q_2)$と，誤差分散の不偏推定量$\widetilde{(\sigma^2)}$ $\left(= \dfrac{\sigma^2}{T-K} \cdot Q_1\right)$とは互いに独立です．

②　Z変換(標準化)した回帰係数のOLS推定量$\hat{\boldsymbol{\theta}}^{(Z)}$は$K$次元正規分布に従います．一方，誤差分散の不偏推定量$\widetilde{(\sigma^2)}$に$\dfrac{T-K}{\sigma^2}$を乗じたものは自由度$T-K$のカイ2乗分布に従います．

③　①と②をあわせて数式で表すと，以下のようにいえます．
「$\hat{\boldsymbol{\theta}}^{(Z)}$が正規分布$\hat{\boldsymbol{\theta}}^{(Z)} = \mathcal{N}_K(\boldsymbol{0}, \boldsymbol{I}_K)$に従うこと」と「$\widetilde{(\sigma^2)}$がカイ2乗分布

$$\widetilde{(\sigma^2)} = \frac{\sigma^2}{T-K} \cdot \chi^2(T-K)\text{に従うこと」とは独立.} \tag{1.71}$$

④　式(1.71)を$\hat{\boldsymbol{\theta}}^{(Z)}$の要素$k$ごとに表せば，以下のようにいえます．

$$\text{「}\hat{\theta}_k^{(Z)}\text{が正規分布 }\hat{\theta}_k^{(Z)} = \frac{\hat{\theta}_k - \theta_k}{\sigma \cdot \sqrt{((\boldsymbol{X}'\boldsymbol{X})^{-1})_{(k,k)}}} = \mathcal{N}_1(0, 1)\text{に従うこと」と「}\widetilde{(\sigma^2)}$$

$$\text{がカイ2乗分布}\widetilde{(\sigma^2)} = \frac{\sigma^2}{T-K} \cdot \chi^2(T-K)\text{に従うこと」とは独立.} \tag{1.72}$$

(2)　T 変換

①　言葉による定義

回帰係数のOLS推定量$\hat{\theta}_k$のT変換とは，そのZ変換【要素8】の式(1.55)において，真の誤差の標準偏差σの代わりに，誤差分散の不偏推定量の平方根$\sqrt{\widetilde{(\sigma^2)}}$で置き換えた変換のことをいいます．

②　数式による定義

T変換した回帰係数のOLS推定量を$\hat{\theta}_k^{(T)}$と表記し，次式で定義します．

$$\hat{\theta}_k^{(T)} := \frac{\hat{\theta}_k - \theta_k}{\sqrt{\widetilde{(\sigma^2)}} \cdot \sqrt{((\boldsymbol{X}'\boldsymbol{X})^{-1})_{(k,k)}}} \tag{1.73}$$

③　T変換した回帰係数のOLS推定量が従う分布

自由度$T-K$のt分布に従います．これを数式では次式で表します．

$$\hat{\theta}_k^{(T)} \sim t(T-K) \tag{1.74}$$

(3)　t 統計量と t 値

①　t統計量

T変換した回帰係数のOLS推定量$\hat{\theta}_k^{(T)}$を，「回帰係数$\hat{\theta}_k$のt統計量(*t*-statistic)」とよび，これは式(1.74)より，自由度$T-K$のt分布に従う確率変数です．

②　t値

一方，観測されたペア・データ $\{\boldsymbol{y}, \boldsymbol{X}\}$ を代入して計算した t 統計量 $\hat{\theta}_k^{(T)}$ の実現値を「t 値(t-value)」とよび，次式のように表記します．

$$\underbrace{\hat{\theta}_k^{(T)}}_{[\text{確率変数}]} = \underbrace{t_{\hat{\theta}_k}}_{[\text{ある実現値}]} \tag{1.75}$$

要素 9 ■

[式(1.74)の証明]

回帰係数 $\hat{\theta}_k$ の t 統計量，つまり T 変換した回帰係数の OLS 推定量 $\hat{\theta}_k^{(T)}$ を表す式(1.73)を展開すれば，次式のようになります．

$$\begin{aligned}
\hat{\theta}_k^{(T)} &= \frac{\hat{\theta}_k - \theta_k}{\sqrt{(\widetilde{\sigma^2})} \cdot \sqrt{((\boldsymbol{X}'\boldsymbol{X})^{-1})_{(k,k)}}} = \frac{\hat{\theta}_k - \theta_k}{\sigma \cdot \sqrt{((\boldsymbol{X}'\boldsymbol{X})^{-1})_{(k,k)}}} \cdot \frac{\sigma}{\sqrt{(\widetilde{\sigma^2})}} \\
&= \hat{\theta}_k^{(Z)} \cdot \frac{\sigma}{\sqrt{\dfrac{\sigma^2}{T-K} \cdot \chi^2(T-K)}} \quad (\because \text{式}(1.55), \text{式}(1.72)) \\
&= \hat{\theta}_k^{(Z)} \cdot \frac{1}{\sqrt{\dfrac{\chi^2(T-K)}{T-K}}} = \frac{\mathcal{N}_1(0, 1)}{\sqrt{\dfrac{\chi^2(T-K)}{T-K}}} \quad (\because \text{式}(1.72)) \\
&\sim t(T-K)
\end{aligned} \tag{1.76}$$

最後の関係式 ~ は，【要素 15】の t 分布の定義より成立します． □

1.9 (ステップ6) t 検定

ファイナンスでの線形回帰モデルについての関心は，「資産価格(株価)のレート・リターンを説明するだろう」と考えているファクターが，実際の市場で観測されるデータより，「想定どおり効くかどうか」という点にあります．そのためには，統計学的に合理的な「ものさし」で判断する必要があります．その一つの判断を提供するのが，回帰係数の OLS 推定量に関する「t 検定(t-test)」です．そのロジックはシンプルです．しかし，その前提となる議論である(ステップ 1)から(ステップ 5)までの展開が，数理的にかなり難しいわけです．一方，その 5 つのステップをスキップしたうえでの，t 検定のロジックの説明は，極めてわかりにくい印象になってしまいます．そこで，長い長い本章のまとめとして，これまでに明らかにしてきた要素を踏まえて，t 検定のロジックをクリアに議論します．

t 検定ではまず，2つのステップを行います．

（ステップ①）　真の回帰係数がゼロであるという次の仮説 $\mathcal{H}_0$ を置きます．

$$\mathcal{H}_0 : \theta_k = 0 \tag{1.77}$$

（ステップ②）　$\theta_k = 0$ という仮説 $\mathcal{H}_0$ が正しいと仮定したときの，回帰係数の OLS 推定量 $\hat{\theta}_k$ の t 値を求めます．

$$\begin{aligned} t_{\hat{\theta}_k} &= \left(\hat{\theta}_k^{(T)} = \frac{\hat{\theta}_k - \theta_k}{\sqrt{(\widetilde{\sigma^2})} \cdot \sqrt{((\boldsymbol{X}'\boldsymbol{X})^{-1})_{(k,k)}}} \text{の実現値} \right) \Bigg|_{\theta_k = 0} \\ &= \left(\frac{\hat{\theta}_k}{\sqrt{(\widetilde{\sigma^2})} \cdot \sqrt{((\boldsymbol{X}'\boldsymbol{X})^{-1})_{(k,k)}}} \text{の実現値} \right) \\ &= \frac{((\boldsymbol{X}'\boldsymbol{X})^{-1} \cdot \boldsymbol{X}'\boldsymbol{y})_k}{\sqrt{\dfrac{(\boldsymbol{y} - \boldsymbol{X}\hat{\boldsymbol{\theta}})'(\boldsymbol{y} - \boldsymbol{X}\hat{\boldsymbol{\theta}})}{T-K} \cdot ((\boldsymbol{X}'\boldsymbol{X})^{-1})_{(k,k)}}} \end{aligned}$$

（∵分子に式(1.30)，分母に式(1.45)）　(1.78)

1.9.1　$\hat{\theta}_k^{(T)}$ が従う t 分布とは？

【要素9】より，回帰係数の OLS 推定量 $\hat{\theta}_k$ の t 統計量である $\hat{\theta}_k^{(T)}$ は，t 分布に従います．その密度関数は，**図1.7** に示すように，標準正規分布の概形に似ています．この密度関数を見て直観的にわかるように，t 分布に従う確率変数である $\hat{\theta}_k^{(T)}$ の期待値はゼロ，つまり，$E[\hat{\theta}_k^{(T)}] = 0$ であることが知られています．

この事実を踏まえれば，（ステップ②）の式(1.78)で求めた，t 分布に従う $\hat{\theta}_k^{(T)}$ の実現値 $t_{\hat{\theta}_k}$ についても，$\theta_k = 0$ という仮説 $\mathcal{H}_0$ が正しく，その自由度 $T-K$ が

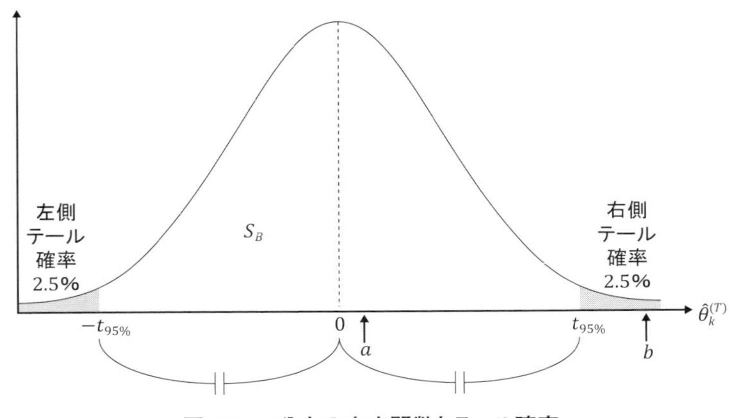

図 1.7　t 分布の密度関数とテール確率

十分に大きい，換言すれば，ファクター数 K に比べて観測数 T が十分に大きいならば，$t_{\hat{\theta}_k}$ もゼロであることが期待されます．

一方，実際の市場データより計算した t 値である $t_{\hat{\theta}_k}$ は，期待されるゼロから少しずれていて，例えば，**図 1.7** の $t_{\hat{\theta}_k}=a$ という値をとるかもしれません．

しかし，$\hat{\theta}_k^{(T)}$ の実現値が，その期待値ゼロからあまりにもかけ離れていて，例えば，**図 1.7** の $t_{\hat{\theta}_k}=b$ という値をとることは考えにくいわけです．そうすると，$t_{\hat{\theta}_k}=b$ を計算する前提となった，「真の回帰係数の $\theta_k=0$ という仮説 $\mathcal{H}_0$」は間違っており，棄却すべきです．

1.9.2　t 分布の 95% 信頼区間

［問題］　この「真の回帰係数の $\theta_k=0$ という仮説 $\mathcal{H}_0$」を棄却すべき $\hat{\theta}_k^{(T)}$ の範囲，あるいはその実現値である $t_{\hat{\theta}_k}$ を，どのように設定すべきでしょうか？

［答え］　$\hat{\theta}_k^{(T)}$ は t 分布に従い，ゼロという期待値について左右対称の密度関数をもちますから，例えば，左右対称の位置にある，ある閾値（しきいち）$-t_{95\%}$ と $t_{95\%}$ を設定します．$\hat{\theta}_k^{(T)}$ の実現値が閾値 $-t_{95\%}$ よりも小さな値をとる確率を「左のテール確率

(left-tail probability)」とよびます．一方，$\hat{\theta}_k^{(T)}$の実現値が閾値 $t_{95\%}$ よりも大きな値をとる確率を「右のテール確率(right-tail probability)」とよびます．左右のテール確率をそれぞれ2.5%とすれば，テール確率の合計は5%となります．数式では，次式のように表現できます．

$$\Pr(\hat{\theta}_k^{(T)} \leq -t_{95\%} \text{ or } \hat{\theta}_k^{(T)} \geq t_{95\%}) = 5\%,$$

$$\text{あるいは,} \Pr(|\hat{\theta}_k^{(T)}| \geq t_{95\%}) = 5\% \tag{1.79}$$

1.9.3　t 分布の 5% テール確率の閾値 $t_{95\%}$

[問題]　このような左右のテール確率が5%となる閾値 $t_{95\%}$ は，どのような値をとるでしょうか．

[答え]　$\hat{\theta}_k^{(T)}$の閾値 $t_{95\%}$ は「2」です．なぜでしょうか．**図 1.8** を見てください．この図は，横軸に自由度(データ数 T からファクター数 K を引いたもの)を，縦軸に t 分布の閾値 $t_{95\%}$ をプロットしたチャートになります．これより，28程度の自由度があれば，この閾値 $t_{95\%}$ は一定値「2」をとることがわかります．し

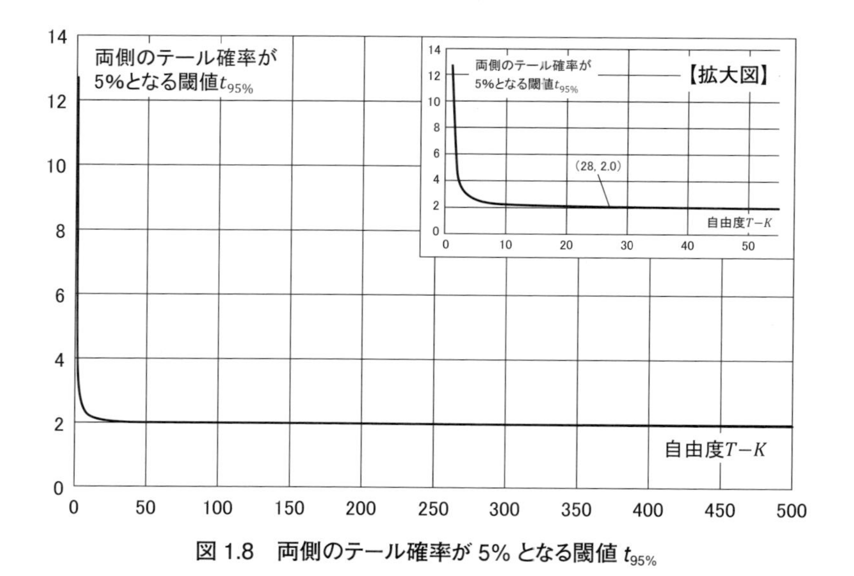

図 1.8　両側のテール確率が 5% となる閾値 $t_{95\%}$

たがって，$\hat{\theta}_k^{(T)}$ の閾値 $t_{95\%}$ は「2」なのです．式(1.79)は次式のように書き直すことができます．

$$\Pr(\hat{\theta}_k^{(T)} \leq -2 \text{ or } \hat{\theta}_k^{(T)} \geq 2) = 5\%,$$

$$\text{あるいは，} \Pr(|\hat{\theta}_k^{(T)}| \geq 2) = 5\% \tag{1.80}$$

式(1.80)は，重要な示唆を与えており，$\hat{\theta}_k^{(T)}$ の実現値である t 値($t_{\hat{\theta}_k}$)を計算してみて，その値が -2 より小さいか，2 よりも大きいならば，その計算の前提となった「真の回帰係数の $\theta_k = 0$ という仮説 $\mathcal{H}_0$」を棄却することができるわけです．つまり，95% の確率で，真の回帰係数 θ_k は，ゼロとは異なる値をもつことがわかります．このとき，真の回帰係数 θ_k がゼロである確率はたかだか 5% です．そこで，ゼロとは異なる値として推定された回帰係数の OLS 推定量 $\hat{\theta}_k$ を，「有意水準 5% で統計的に有意(statistical significance at 5% significance level)である」といい，「5% 有意」などと略されます．

1.9.4　(ステップ 6)のまとめ

(ステップ 6)を次の【要素 10】としてまとめます．

■　要素 10

***t* 検定—*t* 値と *P* 値**

(ステップ①)　真の回帰係数がゼロであるという次の仮説 $\mathcal{H}_0$ を置きます．

$$\mathcal{H}_0 : \theta_k = 0 \tag{1.81}$$

(ステップ②)　真の回帰係数に関する $\theta_k = 0$ という仮説 $\mathcal{H}_0$ が正しいと仮定したときの，回帰係数の OLS 推定量の $t_{\hat{\theta}_k}$ 値を式(1.78)にもとづき計算します．

$$t_{\hat{\theta}_k} = \frac{((\boldsymbol{X}'\boldsymbol{X})^{-1} \cdot \boldsymbol{X}'\boldsymbol{y})_k}{\sqrt{\dfrac{(\boldsymbol{y} - \boldsymbol{X}\hat{\boldsymbol{\theta}})'(\boldsymbol{y} - \boldsymbol{X}\hat{\boldsymbol{\theta}})}{T-K} \cdot ((\boldsymbol{X}'\boldsymbol{X})^{-1})_{(k,k)}}} \tag{1.82}$$

(ステップ③)　ステップ②で求めた $t_{\hat{\theta}_k}$ 値が，-2 より小さいか，2 よりも大きい(換言すれば，$|t_{\hat{\theta}_k}| \geq 2$)ならば，回帰係数の OLS 推定量 $\hat{\theta}_k$ は，「有意水準 5%

で統計的に有意(略して，5% 有意)である」といいます．つまり，有意水準 5% で，$\hat{\theta}_k$ はゼロではないといえます．

(ステップ③')　ステップ③と等価な手続きとして，次式で定義するいわゆる「P 値(P-value)」)が 5% より小さければ，有意水準 5% で，$\hat{\theta}_k$ はゼロではないといえます．

$$P_{\hat{\theta}_k} := \Pr(\hat{\theta}_k^{(T)} \geq |t_{\hat{\theta}_k}|) \tag{1.83}$$

要素 10 ■

[注意]　【要素 10】で述べた t 値と P 値は，【演習 1】や【演習 2】のように Excel で簡単に計算することが可能です．ただし，t 検定における，t 値と P 値の関係と解釈については，しっかりと理解をしておく必要があります．

1.10　本章で利用するツールのまとめ

1.10.1　ファイナンスで登場するベクターと行列に関する演算―その 2

第 1 巻の 6.9 節にて，「ファイナンスで登場するベクターと行列に関する演算」をまとめましたが，その続編を以下に記します．

(1)　射影行列

線形回帰モデルにおいて，回帰係数の OLS 推定量についての性質を調べるためには，次の【要素 11】として述べる射影行列に関するツールが必要となります．

■ 要素 11

射影行列と関連する行列

「射影行列(projection matrix)」とは，次式で定義する正方行列 $\boldsymbol{P}$ のことをいいます．

$$\boldsymbol{P} := \boldsymbol{X}(\boldsymbol{X}'\boldsymbol{X})^{-1}\boldsymbol{X}' \tag{1.84}$$

射影行列は，本文中，式(1.37)として定義しており，「ハット行列(hat matrix)」ともよばれます．射影行列は，以下の３つ性質をもちます．

① 対称行列(symmetric matrix)：$\boldsymbol{P}' = \boldsymbol{P}$

② べき等行列(idempotent matrix)：$\boldsymbol{P}^2 = \boldsymbol{P}$

③ 階数とトレース：$\mathrm{tr}(\boldsymbol{P}) = \mathrm{rank}(\boldsymbol{P}) = \mathrm{rank}(\boldsymbol{X})$　(【要素 13】の⑦にも再掲)

要素 11 ■

[証明]

射影行列が，【要素 11】に述べた２つの性質①と性質②をもつことは，以下のように示すことができます．

① まず，$\boldsymbol{X}'\boldsymbol{X}$ が対称行列であることを示します．

$$\boldsymbol{X}'\boldsymbol{X} = \begin{pmatrix} x_{1,1} & \cdots & x_{u,1} & \cdots & x_{T,1} \\ \vdots & \ddots & \vdots & ⋰ & \vdots \\ x_{1,k} & \cdots & x_{u,k} & \cdots & x_{T,k} \\ \vdots & ⋰ & \vdots & \ddots & \vdots \\ x_{1,K} & \cdots & x_{u,K} & \cdots & x_{T,K} \end{pmatrix} \begin{matrix} \leftarrow \boldsymbol{x}'_{:,1} \\ \\ \leftarrow \boldsymbol{x}'_{:,k} \\ \\ \leftarrow \boldsymbol{x}'_{:,K} \end{matrix} \times \begin{pmatrix} x_{1,1} & \cdots & x_{1,\ell} & \cdots & x_{1,K} \\ \vdots & \ddots & \vdots & ⋰ & \vdots \\ x_{t,1} & \cdots & x_{t,\ell} & \cdots & x_{t,K} \\ \vdots & ⋰ & \vdots & \ddots & \vdots \\ x_{T,1} & \cdots & x_{T,\ell} & \cdots & x_{T,K} \end{pmatrix}$$
$$\qquad\qquad\qquad\qquad\qquad\qquad\qquad \uparrow \boldsymbol{x}_{:,1} \quad \uparrow \boldsymbol{x}_{:,\ell} \quad \uparrow \boldsymbol{x}_{:,K}$$

$$= (\boldsymbol{x}'_{:,k}\boldsymbol{x}_{:,\ell})_{k,\ell=1,\cdots,K} \tag{1.85}$$

ただし，$\boldsymbol{x}'_{:,k}\boldsymbol{x}_{:,\ell}$ は，$\boldsymbol{X}'\boldsymbol{X}$ の k 行 ℓ 列の要素を表します．その対称位置にある，ℓ 行 k 列の要素は，$\boldsymbol{x}'_{:,\ell}\boldsymbol{x}_{:,k} = \boldsymbol{x}'_{:,k}\boldsymbol{x}_{:,\ell}$ となり，k 行 ℓ 列の要素と等しくなります．ゆえに，$\boldsymbol{X}'\boldsymbol{X}$ は対称行列となります．また，対称行列の逆行列は，やはり対称行列です．したがって，次式のようになります．

$$((\boldsymbol{X}'\boldsymbol{X})^{-1})' = (\boldsymbol{X}'\boldsymbol{X})^{-1} \tag{1.86}$$

さらに，射影行列 $\boldsymbol{P}$ の転置をとると，次式のように射影行列自身 $\boldsymbol{P}$ となります．

$$\boldsymbol{P}' = (\boldsymbol{X}(\boldsymbol{X}'\boldsymbol{X})^{-1}\boldsymbol{X}')' = (\boldsymbol{X}')'((\boldsymbol{X}'\boldsymbol{X})^{-1})'\boldsymbol{X}' = \boldsymbol{X}(\boldsymbol{X}'\boldsymbol{X})^{-1}\boldsymbol{X}' = \boldsymbol{P} \tag{1.87}$$

したがって，射影行列 $\boldsymbol{P}$ は対称行列です．

② 射影行列 $\boldsymbol{P}$ の 2 乗を求めると，次式のように射影行列自身 $\boldsymbol{P}$ となります．

$$\begin{aligned}\boldsymbol{P}^2 &= (\boldsymbol{X}(\boldsymbol{X}'\boldsymbol{X})^{-1}\boldsymbol{X}')(\boldsymbol{X}(\boldsymbol{X}'\boldsymbol{X})^{-1}\boldsymbol{X}') = \boldsymbol{X}(\boldsymbol{X}'\boldsymbol{X})^{-1}\underbrace{(\boldsymbol{X}'\boldsymbol{X})(\boldsymbol{X}'\boldsymbol{X})^{-1}}_{=\boldsymbol{I}}\boldsymbol{X}' \\ &= \boldsymbol{X}(\boldsymbol{X}'\boldsymbol{X})^{-1}\boldsymbol{X}' = \boldsymbol{P}\end{aligned} \tag{1.88}$$

したがって，射影行列 $\boldsymbol{P}$ はべき等行列です．

③ 証明は，線形代数のテキストなどを参考にしてください[5]．

(2) 対称行列の性質

本章に加え，他の章でも必要となる対称行列の性質を要素としてまとめます．

■ 要素 12

対称行列の性質

任意の対称行列 $\boldsymbol{\Sigma} \in \mathbb{R}^{n\times n}$ について，以下の性質が成立します．

① 対称行列は，定義より，その転置と同じです．

$$\boldsymbol{\Sigma}' = \boldsymbol{\Sigma} \tag{1.89}$$

② 対称行列 $\boldsymbol{\Sigma}$ の逆行列 $\boldsymbol{\Sigma}^{-1}$ も対称行列です．

③ 対称行列 $\boldsymbol{\Sigma}$ のべき乗 $\boldsymbol{\Sigma}^r$ も対称行列です．ただし，r は整数と $\frac{1}{2}$ です．

④ 任意のベクター $\boldsymbol{x}, \boldsymbol{y} \in \mathbb{R}^{n\times 1}$ について，次式が成立します．

$$\boldsymbol{x}'\boldsymbol{\Sigma}\boldsymbol{y} = \boldsymbol{y}'\boldsymbol{\Sigma}\boldsymbol{x} \tag{1.90}$$

(左辺) $= (\boldsymbol{\Sigma}\boldsymbol{y})'(\boldsymbol{x}')' = \boldsymbol{y}'\boldsymbol{\Sigma}'\boldsymbol{x} =$ (右辺)だからです．

⑤ 平方完成：ベクター $\boldsymbol{x}, \boldsymbol{b} \in \mathbb{R}^{n\times 1}$ について，次式の平方完成が成立します．

---

5) 例えば，Dan Nettleton 教授の講義資料 http://www.public.iastate.edu/~dnett/S611/15Trace.pdf の p.7 を参照のこと（アクセス日：2017/8/3）．

$$-\frac{1}{2}\boldsymbol{x}'\boldsymbol{\Sigma}\boldsymbol{x}+\boldsymbol{b}'\boldsymbol{x}=-\frac{1}{2}(\boldsymbol{x}-\boldsymbol{\Sigma}^{-1}\boldsymbol{b})'\boldsymbol{\Sigma}(\boldsymbol{x}-\boldsymbol{\Sigma}^{-1}\boldsymbol{b})+\frac{1}{2}\boldsymbol{b}'\boldsymbol{\Sigma}^{-1}\boldsymbol{b} \tag{1.91}$$

$n=1$ 次元の平方完成は，$-\frac{1}{2}ax^2+bx=-\frac{a}{2}\left(x-\frac{b}{a}\right)^2+\frac{b^2}{2a}$ と行います．

表現を書き直せば，$-\frac{1}{2}xax+bx=-\frac{1}{2}\left(x-\frac{b}{a}\right)a\left(x-\frac{b}{a}\right)+\frac{1}{2}b\frac{1}{a}b$

ですので，式(1.91)と対応します．

⑥　対称行列の固有値：「固有方程式(characteristic equation) $\det(\boldsymbol{\Sigma}-\lambda\cdot\boldsymbol{I})=0$」には，$n$ 個の「固有値(eigenvalue：アイゲンヴァリューと読む)λ_k $(k=1,\cdots,n)$」が存在します．ただし，det(　)は「行列式(determinant)」を表します．

⑦　対称行列に関連した微分―その 1

$$\frac{\partial \log|\boldsymbol{\Sigma}|}{\partial \boldsymbol{\Sigma}}=\boldsymbol{\Sigma}^{-1} \tag{1.92}$$

⑧　対称行列に関連した微分―その 2

$$\frac{\partial \mathrm{tr}(\boldsymbol{\Sigma}^{-1}\boldsymbol{A})}{\partial \boldsymbol{\Sigma}}=-\boldsymbol{\Sigma}^{-1}\boldsymbol{A}\boldsymbol{\Sigma}^{-1} \tag{1.93}$$

ただし，$\boldsymbol{A}\in\mathbb{R}^{n\times n}$ は，$\boldsymbol{\Sigma}$とは別の対称行列です．また，tr(　)は「トレース(trace)」を表します．トレースの定義と性質は，【要素 13】にて記します．

⑦や⑧は非常に特殊な演算ですが，多次元正規分布に従うレート・リターンのデータより，最尤推定量を導出する際に利用されます．なお，③と⑦は Greene，⑧は Anderson より引用したものです(巻末の「参考文献」を参照)．

要素 12 ■

(3)　行列のトレース

行列のトレースに関する性質はツールとしてよく利用されるので【要素 13】としてまとめておきます．

■ 要素 13

正方行列のトレース

「正方行列のトレース(trace)」とは，対角成分の合計のことをいいます．任意の正方行列を $\boldsymbol{A}=(a_{i,j})_{i,j=1,\cdots,n}$ とすれば，次式で定義できます．

$$\mathrm{tr}(\boldsymbol{A}) := a_{1,1}+\cdots+a_{n,n} \tag{1.94}$$

例えば，$\boldsymbol{A}=\begin{pmatrix}1&2&3\\4&5&6\\7&8&9\end{pmatrix}$とするとき，$\mathrm{tr}(\boldsymbol{A})=1+5+9=15$ です．

トレースに関するいくつかの性質を挙げます．任意の正方行列を $\boldsymbol{A},\boldsymbol{B}\in\mathbb{R}^{n\times n}$ とスケーラー c について，以下の①～⑧が成立します．

① $\mathrm{tr}(\boldsymbol{A}+\boldsymbol{B})=\mathrm{tr}(\boldsymbol{A})+\mathrm{tr}(\boldsymbol{B})$ (1.95)

② $\mathrm{tr}(c\cdot\boldsymbol{A})=c\cdot\mathrm{tr}(\boldsymbol{A})$ (1.96)

③ $\mathrm{tr}(\boldsymbol{A})=\mathrm{tr}(\boldsymbol{A}')$ (1.97)

④ $\mathrm{tr}(\boldsymbol{A}\boldsymbol{B})=\mathrm{tr}(\boldsymbol{B}\boldsymbol{A})$ (1.98)

⑤ スケーラーのトレース

$$\mathrm{tr}(c)=c \tag{1.99}$$

⑥ 任意のベクター $\boldsymbol{x},\boldsymbol{y}\in\mathbb{R}^{n\times 1}$ と正方行列 $\boldsymbol{D}\in\mathbb{R}^{n\times n}$ について，次式が成立します．

$$\boldsymbol{x}'\boldsymbol{D}\boldsymbol{y}=\mathrm{tr}(\underbrace{\boldsymbol{x}'}_{\mathrm{A}}\underbrace{\boldsymbol{D}\boldsymbol{y}}_{\mathrm{B}})=\mathrm{tr}(\underbrace{\boldsymbol{D}\boldsymbol{y}}_{\mathrm{B}}\cdot\underbrace{\boldsymbol{x}'}_{\mathrm{A}}) \tag{1.100}$$

1つ目の等式は，その左辺がスケーラーであるため，性質⑤より成立します．2つ目の等式は，性質④より成立します．

⑦ 【要素 11】の射影行列 $\boldsymbol{P}=\boldsymbol{X}(\boldsymbol{X}'\boldsymbol{X})^{-1}\boldsymbol{X}'$ の階数とトレース(の再掲)

$$\mathrm{tr}(\boldsymbol{P})=\mathrm{rank}(\boldsymbol{P})=\mathrm{rank}(\boldsymbol{X}) \tag{1.101}$$

⑧ 期待値とトレースの可換性

確率変数をその要素としてもつ任意の行列 $\boldsymbol{R}\in\mathbb{R}^{n\times n}$ と，確定的な行列 $\boldsymbol{C}\in\mathbb{R}^{n\times n}$ について，期待値とトレースは次式に示すように順序を入れ替えることが可能です．

$$E[\mathrm{tr}(\boldsymbol{C}\cdot\boldsymbol{R})]=\mathrm{tr}(E[\boldsymbol{C}\cdot\boldsymbol{R}]) \tag{1.102}$$

要素 13 ■

[【要素 13】⑧の証明]

直観的にも，トレースも期待値も線形の演算なので，順序を入れ替えることができます．$\boldsymbol{C}\cdot\boldsymbol{R}=(\tilde{r}_{i,j})_{i,j=1,\cdots,n}$ は離散的な実現値 $\boldsymbol{A}^{(k)}=(a_{i,j}^{(k)})_{i,j=1,\cdots,n}$ $(k=1,\cdots,K)$ をとるとし，その生起確率を $\Pr(\boldsymbol{C}\cdot\boldsymbol{R}=\boldsymbol{A}^{(k)})$ と書きます．このとき，以下の展開が可能です．

$$\begin{aligned}
E[\mathrm{tr}(\boldsymbol{C}\cdot\boldsymbol{R})] &= \sum_{k=1}^{K}\Pr(\boldsymbol{C}\cdot\boldsymbol{R}=\boldsymbol{A}^{(k)})\cdot\mathrm{tr}(\boldsymbol{A}^{(k)})\\
&= \sum_{k=1}^{K}\Pr(\boldsymbol{C}\cdot\boldsymbol{R}=\boldsymbol{A}^{(k)})\cdot\mathrm{tr}\begin{pmatrix} a_{1,1}^{(k)} & \cdots & a_{1,i}^{(k)} & \cdots & a_{1,n}^{(k)}\\ \vdots & \ddots & \vdots & ⋰ & \vdots\\ a_{i,1}^{(k)} & \cdots & a_{i,i}^{(k)} & \cdots & a_{i,n}^{(k)}\\ \vdots & ⋰ & \vdots & \ddots & \vdots\\ a_{n,1}^{(k)} & \cdots & a_{n,i}^{(k)} & \cdots & a_{n,n}^{(k)}\end{pmatrix}\\
&= \sum_{k=1}^{K}\Pr(\boldsymbol{C}\cdot\boldsymbol{R}=\boldsymbol{A}^{(k)})\cdot\sum_{i=1}^{n}a_{i,i}^{(k)}\\
&= \sum_{i=1}^{n}\sum_{k=1}^{K}\Pr(\boldsymbol{C}\cdot\boldsymbol{R}=\boldsymbol{A}^{(k)})\cdot a_{i,i}^{(k)}\\
&= \sum_{i=1}^{n}\sum_{k=1}^{K}\Pr(\tilde{r}_{i,i}=a_{i,i}^{(k)})\cdot a_{i,i}^{(k)}=\sum_{i=1}^{n}E[\tilde{r}_{i,i}]\\
&= \mathrm{tr}\begin{pmatrix} E[\tilde{r}_{1,1}] & \cdots & E[\tilde{r}_{1,i}] & \cdots & E[\tilde{r}_{1,n}]\\ \vdots & \ddots & \vdots & ⋰ & \vdots\\ E[\tilde{r}_{i,1}] & \cdots & E[\tilde{r}_{i,i}] & \cdots & E[\tilde{r}_{i,n}]\\ \vdots & ⋰ & \vdots & \ddots & \vdots\\ E[\tilde{r}_{n,1}] & \cdots & E[\tilde{r}_{n,i}] & \cdots & E[\tilde{r}_{n,n}]\end{pmatrix}\\
&= \mathrm{tr}\left(E\left[\begin{pmatrix} \tilde{r}_{1,1} & \cdots & \tilde{r}_{1,i} & \cdots & \tilde{r}_{1,n}\\ \vdots & \ddots & \vdots & ⋰ & \vdots\\ \tilde{r}_{i,1} & \cdots & \tilde{r}_{i,i} & \cdots & \tilde{r}_{i,n}\\ \vdots & ⋰ & \vdots & \ddots & \vdots\\ \tilde{r}_{n,1} & \cdots & \tilde{r}_{n,i} & \cdots & \tilde{r}_{n,n}\end{pmatrix}\right]\right)\\
&= \mathrm{tr}(E[\boldsymbol{C}\cdot\boldsymbol{R}])
\end{aligned} \tag{1.103}$$

□

1.10.2　正規分布のその他の性質

第2巻の【要素12】にまとめた「正規分布12の性質」として挙げませんでしたが，本章に限り，以下にある【要素14】の正規分布の性質が必要となります．

■　要素14

多次元正規分布の周辺分布

① n 次元の確率ベクター $\boldsymbol{R}=(R_1\cdots R_i\cdots R_n)'$ が，次式で表される n 次元正規分布に従うとします．

$$\boldsymbol{R}=\mathcal{N}_n(\boldsymbol{\mu},\boldsymbol{\Sigma})=\mathcal{N}_n\left(\begin{pmatrix}\mu_1\\ \vdots\\ \mu_n\end{pmatrix},\begin{pmatrix}\sigma_{1,1}&\cdots&\sigma_{1,n}\\ \vdots&\ddots&\vdots\\ \sigma_{n,1}&\cdots&\sigma_{n,n}\end{pmatrix}\right) \tag{1.104}$$

ここで，次のように $\boldsymbol{R}$ を2つのベクター $\boldsymbol{R}_1$ と $\boldsymbol{R}_2$ に分割することを考えます．

$$\boldsymbol{R}=\left(\frac{\boldsymbol{R}_1}{\boldsymbol{R}_2}\right)\underset{\text{要素ごとに表記}}{\Rightarrow}\begin{pmatrix}R_1\\ \vdots\\ R_i\\ \vdots\\ R_n\end{pmatrix}=\begin{pmatrix}R_1\\ \vdots\\ R_p\\ \hline R_{p+1}\\ \vdots\\ R_{p+q=n}\end{pmatrix} \tag{1.105}$$

このとき，2つのベクター $\boldsymbol{R}_1$ と $\boldsymbol{R}_2$ はそれぞれ，周辺分布(marginal distribution)として次式の正規分布に従います．

$$\boldsymbol{R}_1=\mathcal{N}_p(\boldsymbol{\mu}_1,\boldsymbol{\Sigma}_{11}) \tag{1.106}$$

$$\boldsymbol{R}_2=\mathcal{N}_q(\boldsymbol{\mu}_2,\boldsymbol{\Sigma}_{22}) \tag{1.107}$$

ただし，2つの正規分布のパラメータは次のように与えられます．

$$\boldsymbol{\mu} = \left(\begin{array}{c} \boldsymbol{\mu}_1 \\ \hline \boldsymbol{\mu}_2 \end{array}\right) = \left(\begin{array}{c} \mu_1 \\ \vdots \\ \mu_p \\ \hline \mu_{p+1} \\ \vdots \\ \mu_{p+q=n} \end{array}\right)$$

$$\boldsymbol{\Sigma} = \left(\begin{array}{c|c} \boldsymbol{\Sigma}_{11} & \boldsymbol{\Sigma}_{12} \\ \hline \boldsymbol{\Sigma}_{21} & \boldsymbol{\Sigma}_{22} \end{array}\right)$$

$$= \left(\begin{array}{ccc|ccc} \sigma_{1,\ 1} & \cdots & \sigma_{1,\ p} & \sigma_{1,\ p+1} & \cdots & \sigma_{1,\ p+q} \\ \vdots & \ddots & \vdots & \vdots & \ddots & \vdots \\ \sigma_{p,\ 1} & \cdots & \sigma_{p,\ p} & \sigma_{p,\ p+1} & \cdots & \sigma_{p,\ p+q} \\ \hline \sigma_{p+1,\ 1} & \cdots & \sigma_{p+1,\ p} & \sigma_{p+1,\ p+1} & \cdots & \sigma_{p+1,\ p+q} \\ \vdots & \ddots & \vdots & \vdots & \ddots & \vdots \\ \sigma_{p+q,\ 1} & \cdots & \sigma_{p+q,\ p} & \sigma_{p+q,\ p+1} & \cdots & \sigma_{p+q,\ p+q} \end{array}\right) \tag{1.108}$$

② $\boldsymbol{R} = (R_1 \cdots R_i \cdots R_n)'$ のうち，k 番目の要素である確率変数 R_k に着目し，これを 1 番目の要素として，つまり $R_{\bar{1}} \leftarrow R_k$ として並べ替えたものを，$\boldsymbol{R} = (\underbrace{R_{\bar{1}}}_{=\boldsymbol{R}_1} \quad \underbrace{R_{\bar{2}} \cdots R_{\bar{i}} \cdots R_{\bar{n}}}_{=\boldsymbol{R}_2'})' = (\boldsymbol{R}_1 \quad \boldsymbol{R}_2')'$ とします．このとき，式(1.106)と式(1.107)より，$\boldsymbol{R}_1 = R_{\bar{1}} = R_k$ は，周辺分布として，次の 1 次元正規分布に従います．

$$\boldsymbol{R}_1 = R_{\bar{1}} = R_k = \mathcal{N}_1(\mu_k,\ \sigma_{k,\ k}) \tag{1.109}$$

要素 14 ■

1.10.3　正規分布から導出される分布と性質

正規分布からさまざまな確率分布が導出されますが，本書では，線形回帰モデルの推定で利用する 2 つの分布のみ採り上げることにします．

■ 要素 15

カイ2乗分布と t 分布

(1) カイ2乗分布

① 定義

「カイ2乗分布(chi-squared distribution)」とは，独立な「2乗した標準正規変数[6]」の和が従う分布のことをいいます．より具体的な定義として，自由度 n (n degrees of freedom)のカイ2乗分布とは，独立な n 個の「2乗した標準正規変数」の和，つまり「n 個の標準正規変数の平方和(sum of squares)」が従う分布のことをいいます．

② 表記と覚え方

自由度 n のカイ2乗分布を次のように覚えやすい形式で表記します．

$$\chi^2(n) = \underbrace{\mathcal{N}(0,1)^2 + \cdots + \mathcal{N}(0,1)^2}_{[n \text{ 個の標準正規変数の平方和}]} \tag{1.110}$$

(2) t 分布

① 定義

「t 分布(ティーぶんぷ，t-distribution)」とは，互いに独立な「標準正規分布」と「カイ2乗分布をその自由度で割ったものの平方根」との比が従う分布のことをいいます．より正確に換言すれば，自由度 n の t 分布とは，互いに独立な「1個の標準正規分布」と「n 個の標準正規変数の2乗平均平方根(root mean square)」との比が従う分布のことをいいます．

② 表記と覚え方

自由度 n の t 分布を次式のように覚えやすい形式で表記します．

---

6) ここでは，「標準正規分布に従う確率変数」を省略して，「標準正規変数」とよぶことにします．

$$t(n) = \frac{\mathcal{N}(0,1)}{\sqrt{\frac{\chi^2(n)}{n}}} = \frac{\mathcal{N}(0,1)}{\underbrace{\sqrt{\frac{\mathcal{N}(0,1)^2 + \cdots + \mathcal{N}(0,1)^2}{n}}}_{[n\text{ 個の標準正規変数の二乗平均平方根}]}} \tag{1.111}$$

要素 15 ■

上記の【要素 15】で述べたカイ 2 乗分布について，有用な定理が【要素 16】として知られています．線形回帰モデルの推定結果を検定するためには，t 検定【要素 10】を行います．その検定統計量(test statistic)を導く際に必須のツールとなります．

■ 要素 16

Cochran[7] の定理

確率変数ベクター $\boldsymbol{Z} := (Z_1 \cdots Z_t \cdots Z_T)'$ が，独立に同一の標準正規分布 $\mathcal{N}_1(0, 1)$ に従うとし，その平方和 $Z'Z$ を次式のように分解することを考えます．

$$\begin{aligned}\boldsymbol{Z}'\boldsymbol{Z} &= (Z_1 \cdots Z_T) \cdot \begin{pmatrix} Z_1 \\ \vdots \\ Z_T \end{pmatrix} \\ &= Z_1^2 + \cdots + Z_t^2 + \cdots + Z_T^2 = Q_1 + \cdots + Q_i + \cdots + Q_M \end{aligned} \tag{1.112}$$

ここで，$Q_i\ (i = 1, \cdots, M)$ を，次式のように，T 次元正方行列 $\boldsymbol{B}^{(i)} = (B^{(i)}_{j,k})_{j,k=1,\cdots,T}$ を用いて 2 次形式で表します．

$$Q_i = \sum_{j=1}^{T} \sum_{k=1}^{T} Z_j \cdot B^{(i)}_{j,k} \cdot Z_k = \boldsymbol{Z}'\boldsymbol{B}^{(i)}\boldsymbol{Z} \tag{1.113}$$

ただし，$\boldsymbol{B}^{(i)}$ の階数(rank)は次式で与えられるとします．

$$\text{rank}(\boldsymbol{B}^{(i)}) = r_i \tag{1.114}$$

このとき，$\boldsymbol{B}^{(i)}$ の階数に関して次式が成立するならば，①と②も成立します．

7)　この定理を導いた統計学者は Cochran でコクランとコを強調して発音します．第 2 巻の第 8 章で議論したアセット・プライシングに関する研究で高名な経済学者の Cochrane は最後に e が付いていますが，発音は同じです．

$$r_1 + \cdots + r_i + \cdots + r_M = T \quad (1.115)$$

① 各 Q_i $(i=1, \cdots, M)$ は互いに独立です．

② 各 Q_i は自由度 r_i のカイ２乗分布に従います．つまり，次式のようになります．

$$Q_i = \chi^2(r_i) \quad (i=1, \cdots, M) \quad (1.116)$$

要素 16 ■

第2章　連続時間における資産価格とポートフォリオ価値の過程

A. 理論編

第1巻と第2巻では，今日，明日，明後日といった日次，あるいは今日，1カ月後，2カ月後といった月次など，離散時点 $t=0, 1, 2, \cdots, T$ において，資産が市場で取引されることを想定した資産価格モデルを，ファイナンス理論の出発点としています．これを次の【要素17】として確認しておきます．

■　**要素17**

離散時間における資産価格モデルの仮定

時間軸に沿った「離散的な時間間隔(discrete time interval)」で，市場において資産が取引され，その取引価格が観測可能である，と仮定します．このような仮定の下で構築される資産価格のモデルを，「離散時間における資産価格モデル」とよぶことにします．

要素17　■

東京証券取引所で導入されている取引システムである「アローヘッド(arrowhead)」においては，2015年9月24日のバージョンアップ以降，0.5ミリ秒(10000分の5秒)の単位で株式を取引できますが，あくまで時間軸に沿った「離散的」な取引です．

一方，本章では，時間軸に沿って「連続的」に，資産価格が市場で観測されていると仮定します．これを次の【要素18】として述べます．

■　要素18

連続時間における資産価格モデルの仮定

時間軸に沿った「無限に小さな時間間隔(infinitesimal time interval)」で，市場において資産が取引され，その取引価格が観測可能である，と仮定します．このような仮定の下で構築される資産価格のモデルを，「連続時間における資産価格モデル」とよぶことにします．

要素18　■

時間軸に沿って連続的に，資産価格が観測できるという設定はあくまで仮想的なものです．しかし，仮想的であっても，連続的な設定を採用するメリットの一つは，非常に具体的な表現で，ファイナンス理論を提示できる点にあります．ここで問題です．

[問題]　連続時間モデルを採用すると，なぜ具体的な表現でファイナンス理論を提示できるのでしょうか．

[答え]　こうした連続時間における資産価格モデルを導入した先駆的な研究として，マートン(R.C.Merton)を挙げることができます．マートンは，1969年に連続時間における資産価格モデルを前提として，動的なポートフォリオ選択理論を構築しました．その論文は，指導教員のサミュエルソン(P.A. Samuelson)の論文と同じ論文誌の同じ巻号に並んで掲載されたのですが，その後のファイナンス研究において，マートン論文のほうが圧倒的なインパクトを与えました．どちらの論文も，動的なポートフォリオ選択理論をテーマにしたものでしたが，サミュエルソンは離散時間において，マートンは連続時間においてそれぞれ考察しました．マートンのアプローチにおいては，資産価格のダイナミクスを具体的な「連続時間における確率過程(continuous-time stochastic process)」として外生的に与えました．その結果，確率解析の道具立てを利用することができたため，最適なポートフォリオ選択や資産価格評価をはじめ，ファイナンス理論に関する明確な表現が得られたのです．

こうした連続時間における確率過程のベースラインとして，「幾何ブラウン運動」を挙げることができます．このとき，**図2.1**のフローチャートに示すように，ファイナンス理論は5つのステップで構成される十八番(おはこ)の展開をするこ

■ファイナンス理論の出発点と理論展開─連続時間の場合─

① レート・リターンが正規分布（幾何ブラウン運動）: $dS_t/S_t = \mathcal{N}(\mu \cdot dt, \sigma^2 \cdot dt)$

↓（ステップ A）対数線形近似

② ログ・リターンが正規分布 : $d\log S_t = \mathcal{N}\left(\left(\mu - \frac{1}{2}\sigma^2\right)dt, \sigma^2 \cdot dt\right)$

↓（ステップ B）正規分布の括り入れ・括り出しルール（正規分布の標準化）

③ 対数資産価格の確率過程 : $d\log S_t = \left(\mu - \frac{1}{2} \cdot \sigma^2\right)dt + \sigma \cdot \underbrace{\mathcal{N}(0, dt)}_{=:dW_t}$

↓（ステップ C）確率積分（正規分布の再生性）

④ 期末の対数資産価格が正規分布 : $\log(S_T/S_0) = \mathcal{N}\left(\left(\mu - \frac{1}{2} \cdot \sigma^2\right)T, \sigma^2 \cdot T\right)$

↓（ステップ D）対数関数の定義と性質

⑤ 期末資産価格が対数正規分布 : $S_T = S_0 \cdot \mathrm{e}^{\mathcal{N}\left(\left(\mu - \frac{1}{2} \cdot \sigma^2\right)T, \sigma^2 \cdot T\right)}$

↓（ステップ E）MGF公式 1（MGF : moment-generating function）

⑥ 期末資産価格の期待値や分散などのモーメントを求める :

$E\left[(S_T)^\theta\right] = (S_0)^\theta \cdot \mathrm{e}^{\theta \cdot \mu \cdot T + \frac{1}{2}\theta(\theta-1)\sigma^2 \cdot T}$ $(\forall \theta \in \mathbb{R})$

図 2.1　連続時間でファイナンス理論を展開する 5 ステップ

とができるのです．これは第 2 巻で図 3.1 として示した，離散時間における「ファイナンス理論を展開する 5 ステップ」に対応付けられます．

2.1　ファイナンス理論の出発点としての幾何ブラウン運動のアイディア

市場において観測される資産価格について，その「瞬間的なレート・リターンが正規分布に従う」と仮定するとき，これをどのように表現すればよいでしょうか．まず，第 1 巻の【要素 2】より，時点 t から $t+dt$ にいたる「瞬間的なレート・リターン (infinitesimal rate of return)」を次式のように表現してみます.

$$\text{瞬間的なレート・リターン} = \frac{S_{t+dt} - S_t}{S_t} =: \frac{dS_t}{S_t}$$

（∵「次に」と「次のように」と続くから）

(2.1)

さて，正規分布を次のように表現しましょう．第2巻の【要素 2】より，ある確率変数が正規分布に従う，というとき，その確率変数の期待値と分散により，$\mathcal{N}$(期待値 , 分散)と表すことができます．この確率変数は，資産価格の瞬間的なレート・リターンを表すとします．その瞬間的なレート・リターンについて，「年率」の期待値と分散をそれぞれ，次のように書くことにします．

期待値：μ

分　散：σ^2

このとき，時点 t から $t+dt$ にいたる限りなく短い時間間隔「dt 年あたり」の期待値と分散はそれぞれ，次のようになります．

期待値：$\mu \cdot dt$

分　散：$\sigma^2 \cdot dt$

そのような期待値と分散をもつ正規分布に，瞬間的なレート・リターンが従うとモデル化することにします．このモデルは，次の【要素 19】としてまとめられるファイナンスにおいて最も重要な資産価格モデルです．

■ 要素 19

幾何ブラウン運動

資産の瞬間的なレート・リターンを表す式(2.1)が，次式の正規分布に従うとします．

$$\frac{dS_t}{S_t} = \mathcal{N}(\mu \cdot dt, \sigma^2 \cdot dt) \tag{2.2}$$

つまり，資産の瞬間的なレート・リターンの期待値と分散は，次式のとおりです．

$$期待値：E_t\left[\frac{dS_t}{S_t}\right]=\mu\cdot dt$$

$$分　散：V_t\left[\frac{dS_t}{S_t}\right]=\sigma^2\cdot dt \tag{2.3}$$

さて，式(2.2)に，本書の十八番となった，第2巻の【要素13】「正規分布の括り入れ・括り出しルール1」を適用します．

$$\begin{aligned}\frac{dS_t}{S_t}&=\mu\cdot dt+\mathcal{N}(0,\sigma^2\cdot dt)\quad(\because 期待値を足し算で括り出し)\\&=\mu\cdot dt+\sqrt{\sigma^2}\cdot\mathcal{N}(0,dt)\\&\qquad(\because 分散を正の平方根をとって掛け算で括り出し)\end{aligned} \tag{2.4}$$

上式(2.4)の最後の等式において，次式のように確率変数を置きます．

$$dW_t:=\mathcal{N}(0,dt) \tag{2.5}$$

この式(2.5)を式(2.4)に代入すると，次式が得られます．

$$\frac{dS_t}{S_t}=\mu\cdot dt+\sigma\cdot dW_t \tag{2.6}$$

式(2.6)が表す「資産価格のレート・リターンのダイナミクスを表現する確率過程」を，「幾何ブラウン運動(geometric Brownian motion，GBMとも略される)」とよびます．式(2.6)の左辺の分母にある資産価格S_tを右辺に移項すれば，次のように書き直せます．

$$dS_t=\mu\cdot S_t\cdot dt+\sigma\cdot S_t\cdot dW_t \tag{2.7}$$

式(2.7)の左辺は資産価格の瞬間的な増分を表現しており，したがって，幾何ブラウン運動は「資産価格のダイナミクスを表現する確率過程」と解すことも可能です．

要素19 ■

［注意］　本書では，直観的な説明のために，瞬間的なレート・リターンのモデル化の帰結として，「dW_t」全体を1つの確率変数として，形式的に「置き字」として定義しました．しかし，**2.2**節に述べるように，本来の確率過程の議論に

おいて，「W_t」は「標準ブラウン運動」として定義されます．そして「dW_t」はその増分，$dW_t = W_{t+dt} - W_t$ なのです．繰返しになりますが，以下では形式的に，式(2.5)のように，「dW_t」を1つの確率変数として扱うことにします．

2.2　標準ブラウン運動，サンプル・パス，ビジュアル

■　要素20

標準ブラウン運動の定義

「標準ブラウン運動(standard Brownian motion)」とは，以下(1)〜(4)の4つの性質を満たす，連続時間における確率過程のことをいいます．標準ブラウン運動は，「ウィーナー過程(Wiener process)」ともよばれます

(1)　標準ブラウン運動の性質①

❶　言葉による性質①：時点0における確率過程の値はゼロである．

❷　数式による性質①：$W_0 = 0$　(2.8)

❸　ビジュアルによる性質①：**図2.2**の①として視覚化しています．

(2)　標準ブラウン運動の性質②

❶　言葉による性質②：2つの時点 $t_1 < u_1$ について，時点 t_1 から時点 u_1 にいたる確率過程の増分は，期待値ゼロ，分散 $u_1 - t_1$ の正規分布に従う．

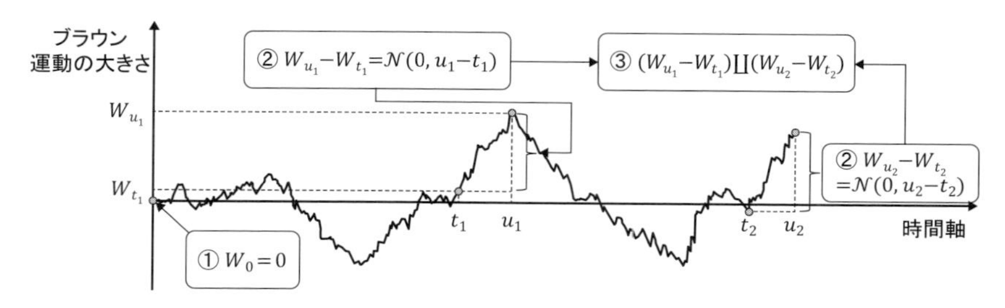

図2.2　標準ブラウン運動のサンプル・パスと4つの性質

❷　数式による性質②：$W_{u_1} - W_{t_1} = \mathcal{N}(0, u_1 - t_1)$　(2.9)

❸　ビジュアルによる性質②：　**図 2.2** の②として視覚化しています．

❹　頻出する性質②のパターン：時点 t から時点 $t+dt$ にいたる確率過程の増分は，期待値ゼロ，分散 $(t+dt)-t=dt$ の正規分布 $\mathcal{N}(0, dt)$ に従う．数式で表すと，次のようになる．

$$dW_t \coloneqq W_{t+dt} - W_t = \mathcal{N}(0, dt) \quad (2.10)$$

(3)　標準ブラウン運動の性質③

❶　言葉による性質③：4 つの時点 $t_1 < u_1 \leq t_2 < u_2$ について，時点 t_1 から時点 u_1 にいたる確率過程の増分は，時点 t_2 から時点 u_2 にいたる確率過程の増分と独立である．これを「独立増分(independent increment)」という．

❷　数式による性質③：

$$(W_{u_1} - W_{t_1}) \perp\!\!\!\perp (W_{u_2} - W_{t_2}) \quad (\text{ただし，} t_1 < u_1 \leq t_2 < u_2) \quad (2.11)$$

❸　ビジュアルによる性質③：**図 2.2** の③として視覚化しています．

(4)　標準ブラウン運動の性質④

❶　言葉による性質④：サンプル・パスが，確率 1 で，時間の連続関数である．

❷　ビジュアルによる性質④：**図 2.2** 全体で視覚化しています．

(5)　上記 4 つの性質の視覚化とサンプル・パス

性質④により，標準ブラウン運動という確率変数は，時間を連続的に進めていくとある実現値をとりながら変化し，確率 1 で，時間軸に対する連続関数として軌跡を描きます．その軌跡を「サンプル・パス(sample path)」とよびます．そのサンプル・パス上に，性質①，②，③を視覚化したものが**図 2.2** になります．

要素 20 ■

2.3　テイラー展開とビジュアル

ファイナンスでは，資産価格の増分を「近似的」に評価することが頻繁にあります．その近似を提供するツールの一つがテイラー展開です．テイラー展開について，そのビジュアルとともに，わかりやすく直観的な意味を詳述します．

■　要素21

テイラー展開―言葉による定義

「テイラー展開(Taylor series expansion)」とは，少し複雑だが，滑らかで微分ができる関数$f(x)$について，xから$x+dx$まで移動する間に，関数の値がどれだけ増えたか，という増分$df(x)=f(x+dx)-f(x)$を，次に示す1次式からn次式までの多項式として近似すること，をいいます．

1次式：$(dx)^1$
2次式：$(dx)^2$
⋮
n次式：$(dx)^n$

要素21　■

テイラー展開は，複雑だが滑らかな関数$f(x)$を，私たちがよく知っている1次関数，2次関数，…，のように一般にn次関数で近似することに他なりません．**図2.3**を参照しながら，その直観的な意味を掴むことにします．

Ⓧ　x軸方向に，xから$x+dx$までdxだけ増えたとき(**図2.3**のⓍ)．

Ⓨ　関数が$f(x)$から$f(x+dx)$だけ増えたとします．このとき，関数の増えた分，つまり「増分(increment)」は，$df(x)=f(x+dx)-f(x)$です(**図2.3**のⓎ)．

この関数の増分は複雑な形をしているので，私たちがよく知っている「「1次関数，2次関数，…，一般にn次関数」の線形結合」で近似することにします．

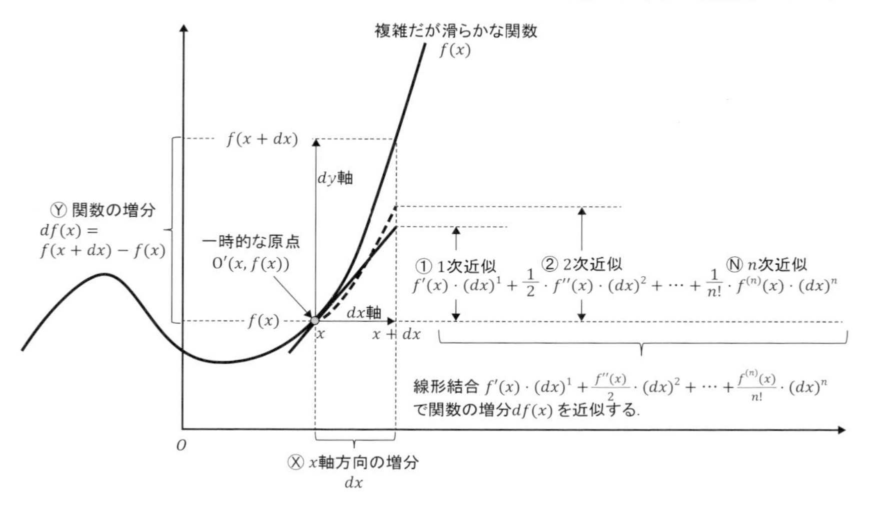

図 2.3　テイラー展開の視覚化

そのために，点$(x, f(x))$を一時的な原点O′として，**図 2.3** のように横軸dxと，縦軸dyをとることにします．このとき，以下の手順で関数の増分$df(x)$を近似します．

① 1次近似：原点O′において関数$f(x)$に，真っ直ぐな定規を当て，直線を描きます(**図 2.3** の①)．つまり，原点O′で「接線」を引くわけです．その接線の傾きは$f'(x)$です．したがって，横軸がdx，縦軸がdyであると考えるとき，その接線の方程式は次式で与えられます．

$$dy = f'(x) \cdot dx \tag{2.12}$$

なぜならば，傾きがa，y切片がbである直線の方程式が，次式で表されるからです．

$$\underbrace{y}_{\to dy} = \underbrace{a}_{\to f'(x)} \cdot \underbrace{x}_{\to dx} + \underbrace{b}_{\to 0} \tag{2.13}$$

ここでは，x軸とy軸がそれぞれ，dx軸とdy軸になっているので，yをdy，xをdxと書き直します．さらに，傾きaは$f'(x)$で，y切片b

がゼロです．よって，式(2.12)は原点O′を通る傾き $f'(x)$ の直線と考えることができます．

さて，接線を表す式(2.12)の右辺には，$dx=(dx)^1$ という1次関数が含まれています．つまり，原点O′において接線を引くということは，元の関数の増分 $df(x)$ を1次近似していることになります．**図2.3**の①が，その1次近似を表しています．これは，**図2.3**のⓎで表される元々の関数の増分 $df(x)$ をかなりの割合で近似していますが，まだ粗い近似です．

そこで，元々の関数の増分 $df(x)$ と，1次近似 $f'(x)\cdot dx$ との誤差である $df(x)-f'(x)\cdot dx$ について，2次関数を使って，さらに近似の精度を高めようというわけです．

② 2次近似：原点O′において，次の2次関数を描くことにします(**図2.3**の②)．

$$dy=\frac{1}{2}\cdot f''(x)\cdot(dx)^2 \tag{2.14}$$

「点 (p, q) を頂点とする放物線を表す」2次関数の一般形は次式で表されます．

$$\underbrace{y}_{\to dy}=\underbrace{a}_{\to\frac{1}{2}\cdot f''(x)}\cdot\Bigl(\underbrace{x}_{\to dx}-\underbrace{p}_{\to 0}\Bigr)^2+\underbrace{q}_{\to 0} \tag{2.15}$$

この設例においては，x 軸と y 軸がそれぞれ，dx 軸と dy 軸になっているので，y を dy，x を dx と書き直します．原点O′を通るので，$p=q=0$ です．さらに，a を $\frac{1}{2}\cdot f''(x)$ と置くことにします．よって，式(2.14)が原点O′を通る2次関数と考えることができます．

さて，式(2.14)の右辺には $(dx)^2$ という2次関数が含まれており，原点O′の近傍において，元の関数の増分 $df(x)$ を2次近似していることになります．**図2.3**の②が，その2次近似を表しています．この2次近似 $\frac{f''(x)}{2}\cdot(dx)^2$ は，**図2.3**の①で表される1次近似 $f'(x)\cdot(dx)^1$ との合計により，Ⓨで表される元々の関数の増分 $df(x)$ をより正確に近似することになります．

図 2.3 では，1 次と 2 次の近似のイメージのみを表しましたが，3 次以降のより高次の近似を考慮すれば，元の関数の増分 $df(x)$ を限りなく正確に近似することが可能になります．この直観を数式で表すと，テイラー展開は次の【要素 22】のように表現できます．

■ 要素 22

テイラー展開―数式による表現

(1) 数式によるテイラー展開の表現 1

n 次のテイラー展開とは，n 回微分可能な滑らかな関数 $f(x)$ の増分を n 次の多項式によって近似することをいいます．

$$df(x) = \frac{f'(x)}{1!}\cdot(dx)^1 + \frac{f''(x)}{2!}\cdot(dx)^2 + \frac{f'''(x)}{3!}\cdot(dx)^3 + \cdots + \frac{f^{(n)}(x)}{n!}\cdot(dx)^n \tag{2.16}$$

式(2.16)において，多項式の各係数は次のように与えられていることに注意します．

1 次式の係数：$\dfrac{f'(x)}{1!}$，2 次式の係数：$\dfrac{f''(x)}{2!}$，…

(2) 数式によるテイラー展開の表現 2

式(2.16)による n 次のテイラー展開には，次の等価な表現があります．

$$f(x+dx) = f(x) + \frac{f'(x)}{1!}\cdot(dx)^1 + \frac{f''(x)}{2!}\cdot(dx)^2 + \frac{f'''(x)}{3!}\cdot(dx)^3 + \cdots + \frac{f^{(n)}(x)}{n!}\cdot(dx)^n \tag{2.17}$$

これは式(2.16)において，$df(x) = f(x+dx) - f(x)$ と書き直して整理したものです．

(3) 数式によるテイラー展開の表現3

式(2.17)において，次式の置換えをします．

$$x+dx=:\tilde{x},\ x=:a \tag{2.18}$$

このとき，次式が得られます．

$$dx=\tilde{x}-x=\tilde{x}-a \tag{2.19}$$

式(2.18)と式(2.19)を，式(2.17)に代入すれば，次式が得られます．

$$f(\tilde{x})=f(a)+\frac{f'(a)}{1!}\cdot(\tilde{x}-a)^1+\frac{f''(a)}{2!}\cdot(\tilde{x}-a)^2+\frac{f'''(a)}{3!}\cdot(\tilde{x}-a)^3+\cdots+\frac{f^{(n)}(a)}{n!}\cdot(\tilde{x}-a)^n \tag{2.20}$$

式(2.20)で，$\tilde{x}$を改めてxと置けば，次式のテイラー展開の表現が得られます．

$$f(x)=f(a)+\frac{f'(a)}{1!}\cdot(x-a)^1+\frac{f''(a)}{2!}\cdot(x-a)^2+\frac{f'''(a)}{3!}\cdot(x-a)^3+\cdots+\frac{f^{(n)}(a)}{n!}\cdot(x-a)^n \tag{2.21}$$

これを特に，「$x=a$まわりの「n次のテイラー展開」」とよびます．また，$x=0$まわりのテイラー展開を，「マクローリン展開(Maclaurin series expansion)」といいます．

要素22 ■

ファイナンスでは2次までのテイラー展開が必要です．その理由は，次節に述べるように，「伊藤のルール」(【要素24】)により，3次式以上の項，$(dx)^3$, $(dx)^4$, …がゼロと評価されるからです．

2.4 (ステップA)対数線形近似

準備が整いましたので，**図2.1**のフローチャートに沿って，連続時間でファイナンス理論を展開する5ステップについて議論を進めていきます．まず，(ステップ A)として，対数線形近似を適用します．この近似は，次の【要素23】としてまとめる2つのステップで構成されます．

■ 要素23

対数線形近似を構成する2ステップ

(ステップ①)　2次のテイラー展開

ログ・リターンを2次までテイラー展開し，1乗と2乗のレート・リターンで表現します．

$$
\begin{aligned}
(\text{ログ・リターン}) = &(\text{レート・リターンの1乗}) \\
&- \frac{1}{2}\cdot(\text{レート・リターンの2乗}) \qquad (2.22)
\end{aligned}
$$

(ステップ②)　伊藤のルールの適用

式(2.22)について，「レート・リターンの2乗」を次のステップで評価して，式を得ます．

❶ レート・リターンが，【要素19】の式(2.6)に示す幾何ブラウン運動に従うと仮定します(ファイナンス理論の出発点)．

❷ レート・リターンの2乗を伊藤のルールで評価します．

$$
\begin{aligned}
(\text{ログ・リターン}) &= (\text{レート・リターンの1乗}) \\
&\quad - \frac{1}{2}\cdot(\text{レート・リターンの条件付き分散}) \\
&= (\text{レート・リターンの1乗}) \\
&\quad - \frac{1}{2}\cdot(\text{ボラティリティの2乗}) \qquad (2.23)
\end{aligned}
$$

以上の2ステップが，対数線形近似の導出手順となります．

[参考]　なお，対数線形近似については，【要素30】においても言及しているので，合わせて参考にしてください．

要素23 ■

以下では，【要素 23】に従い，対数線形近似の導出を行います．

2.4.1　対数線形近似を構成するステップ①―２次のテイラー展開

まず，次の問題を考えてみます．

［問題］　関数 $f(x)=\log(1+x)$ を，$x=0$ まわりに，２次までのテイラー展開をしてください．さらに，その結果において，$x=\dfrac{dS_t}{S_t}$ と置くとき，ファイナンス理論上のインプリケーションを述べてください．

［答え］　【要素 22】の式(2.21)より，関数 $f(x)$ に関する，$x=0$ まわりの２次までのテイラー展開は次式のように表されます．

$$f(x)=f(0)+\frac{f'(0)}{1!}\cdot(x-0)^1+\frac{f''(0)}{2!}\cdot(x-0)^2 \tag{2.24}$$

次に，対数関数 $f(x)=\log(1+x)$ を２階まで微分します．

１階微分：$f'(x)=(\log(1+x))'=\dfrac{1}{1+x}\cdot(1+x)'=(1+x)^{-1}$

$f'(0)=1$

２階微分：$f''(x)=((1+x)^{-1})'=-1\cdot(1+x)^{-1-1}\cdot 1=-(1+x)^{-2}$

$f''(0)=-1$

また，$x=0$ における関数の値は，$f(0)=\log(1+0)=0$ なので，これらを式(2.24)に代入すれば，$x=0$ まわりの２次までのテイラー展開が得られます．

$$f(x)=\log(1+x)=0+\frac{1}{1!}\cdot x+\frac{-1}{2!}\cdot x^2=x-\frac{1}{2}\cdot x^2 \tag{2.25}$$

さらに，式(2.25)に，$x=\dfrac{dS_t}{S_t}$ を代入すれば，次式が得られます．

$$\log\left(1+\frac{dS_t}{S_t}\right)=\left(\frac{dS_t}{S_t}\right)-\frac{1}{2}\cdot\left(\frac{dS_t}{S_t}\right)^2 \tag{2.26}$$

ここで，式(2.26)の右辺に現れる $\dfrac{dS_t}{S_t}=\dfrac{S_{t+dt}-S_t}{S_t}$ は，瞬間的なレート・リターンを表しています．一方，式(2.26)の左辺はどのように解釈できるでしょうか．形式的に，次式の展開が可能です．

$$\log\left(1+\frac{dS_t}{S_t}\right)=\log\left(\frac{S_t+(S_{t+dt}-S_t)}{S_t}\right)=\log\left(\frac{S_{t+dt}}{S_t}\right)$$

$$= \log S_{t+dt} - \log S_t = d\log S_t \tag{2.27}$$

この式(2.27)より，式(2.26)の左辺は，瞬間的なログ・リターンを表していることがわかります．式(2.27)を，式(2.26)の左辺に代入すれば，次式となります．

$$d\log S_t = \left(\frac{dS_t}{S_t}\right) - \frac{1}{2}\cdot\left(\frac{dS_t}{S_t}\right)^2 \tag{2.28}$$

以上より，式(2.28)は，次式のように言葉で表現できます．

(瞬間的なログ・リターン)

＝(瞬間的なレート・リターンの 1 乗)

$-\frac{1}{2}$・(瞬間的なレート・リターンの 2 乗)　(2.29)

□

[別解]　まず，[問題]自体について，解釈をし直します．

[問題の再解釈]　関数 $f(x)=\log x$ を，【要素 22】の式(2.16)により，2 次までのテイラー展開をしてください．さらに，その結果において，$x=S_t$ と置くとき，ファイナンス理論上のインプリケーションを述べてください．

このように問題を捉え直したうえで，ある $x(>0)$ の近傍で($dx=dS_t$ が十分に小さいとき)，式(2.16)により，2 次までのテイラー展開をします．

$$df(x) = \frac{f'(x)}{1!}\cdot(dx)^1 + \frac{f''(x)}{2!}\cdot(dx)^2 \tag{2.30}$$

対数関数 $f(x)=\log x$ を 2 階まで微分します．

1 階微分：$f'(x) = (\log x)' = \frac{1}{x} = x^{-1}$

2 階微分：$f''(x) = (x^{-1})' = -1\cdot x^{-1-1} = -x^{-2} = -\frac{1}{x^2}$

これらを式(2.30)に代入すると，次式のようになります．

$$df(x) = \frac{\frac{1}{x}}{1}\cdot(dx) + \frac{-\frac{1}{x^2}}{2}\cdot(dx)^2 = \left(\frac{dx}{x}\right) - \frac{1}{2}\left(\frac{dx}{x}\right)^2$$

$$\Leftrightarrow d\log x = \left(\frac{dx}{x}\right) - \frac{1}{2}\left(\frac{dx}{x}\right)^2 \tag{2.31}$$

この式(2.31)において，x の代わりに S_t とおけば，次式が得られます．

$$d\log S_t = \left(\frac{dS_t}{S_t}\right) - \frac{1}{2}\left(\frac{dS_t}{S_t}\right)^2 \tag{2.32}$$

これは式(2.28)と等価であるため，その解釈も式(2.29)で与えられます．□

2.4.2　対数線形近似を構成するステップ②—伊藤のルールの適用

ここまでは，ニュートン力学と一緒です．連続時間の確率過程に関する体系である「伊藤解析(Itô calculus)」では，さらに「瞬間的なレート・リターンの2乗」について，次の【要素24】の伊藤のルールを適用します．

■ 要素24

伊藤のルール

(1)　伊藤のルールの覚え方

「伊藤のルール(Itô's rule)」とは，標準ブラウン運動の増分 dW_t と時間増分の dt の掛け算がどのように与えられるかを示すルールです．その掛け算のパターンは，$dW_t \times dW_t$，$dW_t \times dt$，$dt \times dW_t$，$dt \times dt$ の4種類ですが，**表2.1** として覚えます．

表2.1　伊藤のルール

	dW_t	dt
dW_t	dt	0
dt	0	0

表2.1 は次のように読みます．標準ブラウン運動の増分の2乗は，時間増分に等しく，$dW_t \times dW_t = dt$ となります．それ以外の掛け算，$dW_t \times dt$，$dt \times dW_t$，$dt \times dt$ はすべてゼロになります．

(2)　伊藤の公式(補題)との関係

伊藤のルールは，「伊藤の公式(Ito's formula)」あるいは「伊藤の補題(Itô's lemma)」とよばれる，より一般的な結果のうち，計算ルールとしてのエッセンスを抽出したものです．

(3)　伊藤のルールの導出

伊藤のルールの導出は，1次元版，多次元版に分けて，**2.11 節**で行っているので参考にしてください．

要素 24 ■

この伊藤のルールを，式(2.32)の右辺の第2項に適用してみます．式(2.6)より，これを2乗して，伊藤のルールを適用すると，次式のようになります．

$$\begin{aligned}\left(\frac{dS_t}{S_t}\right)^2 &= (\mu\cdot dt+\sigma\cdot dW_t)^2\\ &= (\mu\cdot dt)^2+2\cdot(\mu\cdot dt)\cdot(\sigma\cdot dW_t)+(\sigma\cdot dW_t)^2\\ &\quad (\because \text{単なる平方公式})\\ &= \mu^2\cdot\underbrace{(dt)^2}_{=0}+2\cdot\mu\cdot\sigma\cdot\underbrace{(dt)\cdot(dW_t)}_{=0}+\sigma^2\cdot\underbrace{(dW_t)^2}_{=dt}\\ &\quad (\because \text{伊藤のルール})\\ &= \sigma^2\cdot dt \end{aligned} \tag{2.33}$$

これを式(2.32)に代入すると，次式のようになります．

$$\begin{aligned} d\log S_t &= \left(\frac{dS_t}{S_t}\right)-\frac{1}{2}\cdot\sigma^2\cdot dt\\ &= \left(\mu-\frac{1}{2}\cdot\sigma^2\right)dt+\sigma\cdot dW_t \quad \left(\because \left(\frac{dS_t}{S_t}\right)\text{に式(2.6)を代入}\right) \end{aligned} \tag{2.34}$$

式(2.34)は，瞬間的なログ・リターン $d\log S_t=\log S_{t+dt}-\log S_t=\log\left(\frac{S_{t+dt}}{S_t}\right)$ のダイナミクスを表しています．さらに，この式(2.34)より，ファイナンス理論の展開において，非常に有効な手段となる「対数線形近似」を導くことができます．

式(2.3)より，$V_t\left[\frac{dS_t}{S_t}\right]=\sigma^2\cdot dt$ です．これを式(2.34)の1行目に代入すれば，次式のようになります．

$$d\log S_t = \left(\frac{dS_t}{S_t}\right) - \frac{1}{2}\cdot V_t\left[\frac{dS_t}{S_t}\right] \tag{2.35}$$

これを言葉数式で表せば，次式のように表現できます．

(瞬間的なログ・リターン)

＝(瞬間的なレート・リターン)

$-\frac{1}{2}$・(瞬間的なレート・リターンの条件付き分散)　(2.36)

式(2.35)，あるいは式(2.36)を，「単一資産価格に関する「対数線形近似(log-linear approximation)」」とよぶことにします．

2.5　(ステップB)正規分布の括り入れ・括り出しルール

(ステップA)の「対数線形近似」の結果として導かれる，ログ・リターンのダイナミクスを表現する式(2.34)について，どのような分布に従っているかを確認します．

【要素19】の式(2.5)，または【要素20】の式(2.10)より，$dW_t = \mathcal{N}(0, dt)$であるため，これを式(2.34)に代入します．

$$\begin{aligned} d\log S_t &= \left(\mu - \frac{1}{2}\cdot\sigma^2\right)dt + \sigma\cdot dW_t \\ &= \left(\mu - \frac{1}{2}\cdot\sigma^2\right)dt + \sigma\cdot\mathcal{N}(0, dt) \end{aligned} \tag{2.37}$$

上式は，**図2.1**のフローチャートにおいて「③対数資産価格の確率過程」を表しています．つまり，本来の導出過程では，(ステップA)により，「①レート・リターンが正規分布」から，「②ログ・リターンが正規分布」を飛び越えて，「③対数資産価格の確率過程」が導出されます．

さて，式(2.37)に本書の十八番である第2巻の【要素13】「正規分布の括り入れ・括り出しルール1」を適用します．

$$
\begin{aligned}
d\log S_t &= \left(\mu - \frac{1}{2}\cdot\sigma^2\right)dt + \sigma\cdot\mathcal{N}(0, dt) \\
&= \left(\mu - \frac{1}{2}\cdot\sigma^2\right)dt + \mathcal{N}(\sigma\cdot 0, \sigma^2\cdot dt) \\
&\quad (\because \sigma\text{を掛け算で括り入れ}) \\
&= \mathcal{N}\left(\left(\mu - \frac{1}{2}\cdot\sigma^2\right)dt, \sigma^2\cdot dt\right) \qquad (2.38) \\
&\quad (\because dt\text{の項を足し算で括り入れ})
\end{aligned}
$$

これが，**図 2.1** のフローチャートの「(ステップ B)正規分布の括り入れ・括り出しルール(正規分布の標準化)」となります．つまり，フローチャートにおける順序は前後しますが，「③対数資産価格の確率過程」から，「②ログ・リターンが正規分布」を導くことができます．すなわち，式(2.38)の左辺は，形式的に $d\log S_t = \log S_{t+dt} - \log S_t = \log\left(\frac{S_{t+dt}}{S_t}\right)$ と表すことができ，時点 t から $t+dt$ にいたる瞬間的なログ・リターンを表しています．一方，式(2.38)の右辺は，それが期待値 $\left(\mu - \frac{1}{2}\cdot\sigma^2\right)dt$，分散 $\sigma^2\cdot dt$ をもつ正規分布に従うことを表しています．

このように，連続時間におけるファイナンス理論の展開の流れと，**図 2.1** のフローチャートの流れに，若干の齟齬があるのは，離散時間における「ファイナンス理論の出発点と理論展開」を表すフローチャート(第 2 巻の図 3.1)との対応をとるためです．

2.6　(ステップ C)確率積分(正規分布の再生性)

(ステップ C)により，**図 2.1** のフローチャートにおける「④期末の対数資産価格が正規分布」を導きます．

(ステップ A)と(ステップ B)の結果として得られる，フローチャート「②ログ・リターンが正規分布」を表す式(2.38)の両辺を，0 から T まで積分します．まずは形式的に，両辺に積分記号を施してみます．

$$\int_0^T d\log S_t = \int_0^T \mathcal{N}\left(\left(\mu - \frac{1}{2}\cdot\sigma^2\right)dt,\ \sigma^2\cdot dt\right) \tag{2.39}$$

まず，左辺を見てみます．見慣れない積分の形をしていますが，次式の見慣れた積分と同じように考えることができます．

$$\int_0^T dx = \int_0^T 1\cdot dx = [x]_0^T = (T-0) = T \tag{2.40}$$

式(2.40)の積分の１つ目の等式の右辺が示すように，幅が dx，高さが１であるような短冊(長方形)を，0から T まで足し合わせたものです(**図 2.4** の①)．これを「リーマン積分(Riemann integral)」といいます．

同様に，式(2.39)の左辺の積分も，幅が $d\log S_t$，高さが１であるような短冊(長方形)を，$\log S_0$ から $\log S_T$ まで足し合わせたものです(**図 2.4** の②)．これを，「リーマン・スティルチェス積分(Riemann-Stieltjes integral)」といいます．これより，次式のように求積することができます．

$$\int_0^T d\log S_t = \int_0^T 1\cdot d\log S_t = [\log S_t]_0^T = \log S_T - \log S_0 = \log\left(\frac{S_T}{S_0}\right) \tag{2.41}$$

次に，式(2.39)の右辺の積分，$\int_0^T \mathcal{N}\left(\left(\mu - \frac{1}{2}\cdot\sigma^2\right)dt,\ \sigma^2\cdot dt\right)$ を考えます．被積分変数が正規分布である特殊な積分です．しかも，その正規分布の期待値と分散には，時間増分を表す dt が入っています．このように，時間軸に沿った正規分布の増分を被積分変数とする積分のことを「確率積分」といいます．

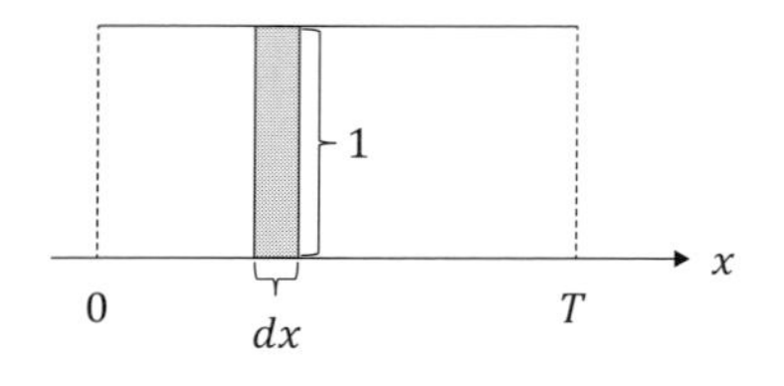

① リーマン積分

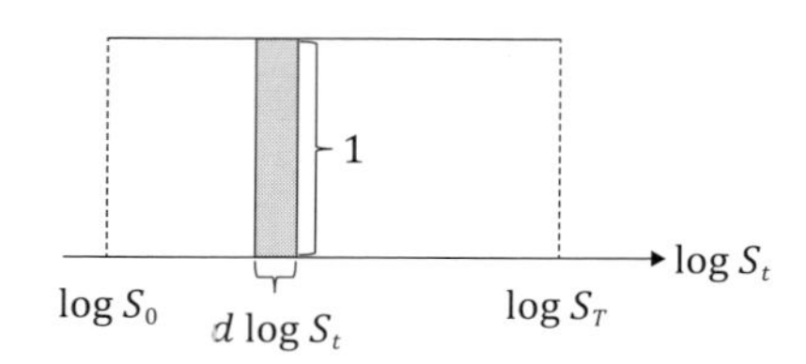

② リーマン・スティルチェス積分

図 2.4　2 種類の積分

確率積分は，次の公式によって計算することができます.

■ 要素25

確率積分の公式

時点0から時点Tにいたる，ある確率過程について，時点tから$t+dt$までの瞬間的な増分(infinitesimal increment)が，次式の正規分布でモデル化されているとします.

$$\mathcal{N}(\mu_t \cdot dt, \sigma_t^2 \cdot dt) \tag{2.42}$$

ただし，μ_tとσ_t^2は確定的な時間の関数です(ここで，有限な区間で積分をするとき，発散せずに有限確定値になるとします). このとき，式(2.42)で表される，確率過程の瞬間的な増分を0からTまで積分することを考えます. その積分は「確率積分(stochastic integral)」とよばれ，次の公式で計算できます.

$$\int_0^T \mathcal{N}(\mu_t \cdot dt, \sigma_t^2 \cdot dt) = \mathcal{N}\left(\int_0^T \mu_t \cdot dt, \int_0^T \sigma_t^2 \cdot dt\right) \tag{2.43}$$

確率積分は，第2巻の【要素16】で述べた，離散時間における「正規分布の再生性」の連続時間バージョンと捉えることができます. 第2巻の式(2.10)と本書の式(2.43)を比べてみてください.

なお，本公式の証明は本節の末尾(pp.72 ～ 74)に記しています.

要素25 ■

【要素25】の「確率積分の公式」を使って，式(2.39)の右辺を求積します.

$$\int_0^T \mathcal{N}\left(\left(\mu - \frac{1}{2} \cdot \sigma^2\right) dt, \sigma^2 \cdot dt\right)$$

$$= \mathcal{N}\left(\int_0^T \left(\mu - \frac{1}{2} \cdot \sigma^2\right) dt, \int_0^T \sigma^2 \cdot dt\right) = \mathcal{N}\left(\left(\mu - \frac{1}{2} \cdot \sigma^2\right) \cdot \int_0^T dt, \sigma^2 \cdot \int_0^T dt\right)$$

$$= \mathcal{N}\left(\left(\mu - \frac{1}{2} \cdot \sigma^2\right) \cdot [t]_0^T, \sigma^2 \cdot [t]_0^T\right)$$

$$= \mathcal{N}\left(\left(\mu - \frac{1}{2} \cdot \sigma^2\right) \cdot T, \sigma^2 \cdot T\right) \tag{2.44}$$

式(2.41)と式(2.44)を等号で結べば，式(2.39)が解けたことになります．

$$\log\left(\frac{S_T}{S_0}\right) = \mathcal{N}\left(\left(\mu - \frac{1}{2} \cdot \sigma^2\right) \cdot T, \sigma^2 \cdot T\right) \tag{2.45}$$

対数関数の性質(第1巻の【要素6】)より，$\log\left(\frac{S_T}{S_0}\right) = \log S_T - \log S_0$ を式(2.45)の左辺に代入すれば，次式が得られます．

$$\begin{aligned}
&\log S_T - \log S_0 \\
&= \mathcal{N}\left(\left(\mu - \frac{1}{2} \cdot \sigma^2\right) \cdot T, \sigma^2 \cdot T\right) \\
&\Leftrightarrow \log S_T = \log S_0 + \mathcal{N}\left(\left(\mu - \frac{1}{2} \cdot \sigma^2\right) \cdot T, \sigma^2 \cdot T\right) \\
&\Leftrightarrow \log S_T = \mathcal{N}\left(\log S_0 + \left(\mu - \frac{1}{2} \cdot \sigma^2\right) \cdot T, \sigma^2 \cdot T\right)
\end{aligned}$$

(∵第2巻の【要素13】「正規分布の括り入れ・括り出しルール1」)　(2.46)

以上が，**図2.1**のフローチャートにおける(ステップC)であり，その結論として式(2.46)による「④期末の対数資産価格が正規分布」という表現を得たことになります．

[要素25の証明]

数学的に厳密な証明ではありませんが，**図2.5**を参照しながら，【要素25】を証明してみることにします．

図2.5に示すように，連続時間で考えるオリジナルの時間軸と，これをn分割して離散化した時間軸を考えます．ただし，連続時間で考えるオリジナルの時間軸上において観測する資産価格と，離散時間で考える分割された時間軸上において観測する資産価格とは同一のものであると仮定します．

このとき，連続時間で考える全期間を通じたログ・リターンを$\log\left(\frac{S_T}{S_0}\right)$と定義し

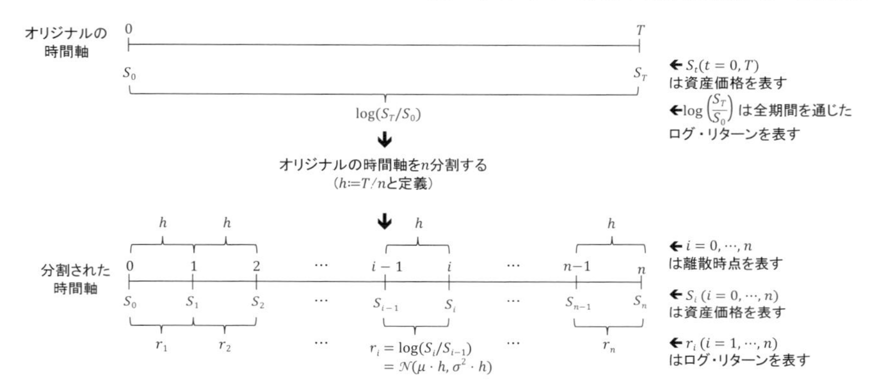

図 2.5　オリジナルの時間軸と分割された時間軸でのログ・リターン

ます．一方，離散時間で考える分割された時間軸上における時点$i-1$から時点iで挟まれた時間間隔を「分割期間$i\,(i=1,\cdots,n)$」とよぶことにします．また，各分割期間iの長さを$h:=\dfrac{T}{n}$とします．さらに，分割期間iにおけるログ・リターンを，$r_i:=\log\left(\dfrac{S_i}{S_{i-1}}\right)$と定義します．

第 1 巻の【要素 6】の対数関数の性質を利用すれば，連続時間で考えたログ・リターンと，離散時間で考えたログ・リターンとを，次式のように関係づけることができます．

$$\underbrace{\log\left(\frac{S_T}{S_0}\right)}_{\left[\substack{\text{連続時間の}\\\text{ログ・リターン}}\right]} = \underbrace{\log\left(\frac{S_n}{S_0}\right)}_{\left[\substack{\text{離散時間の}\\\text{ログ・リターン}}\right]}$$

$$\Leftrightarrow \log\left(\frac{S_T}{S_0}\right)=\log\left(\frac{S_1}{S_0}\cdot\frac{S_2}{S_1}\cdots\frac{S_n}{S_{n-1}}\right)=\sum_{i=1}^{n}\log\left(\frac{S_i}{S_{i-1}}\right)=\sum_{i=1}^{n}r_i \tag{2.47}$$

一方，分割期間iでのログ・リターンr_iが独立に，正規分布$\mathcal{N}(\mu_i\cdot h,\ \sigma_i^2\cdot h)$に従うとします．数式で書けば，$r_i=\mathcal{N}(\mu_i\cdot h,\sigma_i^2\cdot h)$となります．

このとき，第 2 巻の【要素 16】「正規分布の再生性」より，次式が成立します．

$$\sum_{i=1}^{n} \mathcal{N}(\mu_i \cdot h,\ \sigma_i^2 \cdot h) = \mathcal{N}\left(\sum_{i=1}^{n} \mu_i \cdot h,\ \sum_{i=1}^{n} \sigma_i^2 \cdot h\right) \tag{2.48}$$

両辺において，極限 $n \to \infty$ をとれば「形式的に」，

- 「μ_i」と「σ_i^2」はそれぞれ，「μ_t」と「σ_t^2」へ
- 分割期間の長さ「$h = T/n$」は，微小な時間間隔「dt」へ
- 和という演算「$\Sigma_{i=1}^{n}$」は，積分「$\int_{t=0}^{T}$」へ

と，それぞれ置き換えることができます．これより，次式で示される確率積分の公式が導かれます．

$$\int_0^T \mathcal{N}(\mu_t \cdot dt,\ \sigma_t^2 \cdot dt) = \mathcal{N}\left(\int_0^T \mu_t \cdot dt,\ \int_0^T \sigma_t^2 \cdot dt\right) \tag{2.49}$$

□

2.7　(ステップD)対数関数の定義と性質

図2.1の(ステップD)として，式(2.45)は，第1巻の【要素6】「①対数関数の定義」を利用すれば，次式のように書き直せます．

$$\log_e\left(\frac{S_T}{S_0}\right) = \mathcal{N}\left(\left(\mu - \frac{1}{2} \cdot \sigma^2\right) \cdot T,\ \sigma^2 \cdot T\right)$$

$$\Leftrightarrow \frac{S_T}{S_0} = e^{\mathcal{N}\left(\left(\mu - \frac{1}{2} \cdot \sigma^2\right) \cdot T,\ \sigma^2 \cdot T\right)}$$

$$\Leftrightarrow S_T = S_0 \cdot e^{\mathcal{N}\left(\left(\mu - \frac{1}{2} \cdot \sigma^2\right) \cdot T,\ \sigma^2 \cdot T\right)} \tag{2.50}$$

これより，**図2.1**の「⑤期末資産価格が対数正規分布」という結論が得られます．

2.8　(ステップE)MGF公式

図2.1の(ステップE)として，式(2.50)の両辺に期待値をとって，第2巻の【要素19】「正規分布のMGF公式1(対数正規分布の期待値公式)」を適用し

ます．これより，期末の資産価格の期待値，つまり，期末の期待資産価格を求めることができます．

$$E[S_T] = E[S_0 \cdot \mathrm{e}^{\mathcal{N}\left(\left(\mu - \frac{1}{2} \cdot \sigma^2\right) \cdot T,\, \sigma^2 \cdot T\right)}] = S_0 \cdot E[\mathrm{e}^{\mathcal{N}\left(\left(\mu - \frac{1}{2} \cdot \sigma^2\right) \cdot T,\, \sigma^2 \cdot T\right)}]$$
$$= S_0 \cdot \mathrm{e}^{\left(\mu - \frac{1}{2} \cdot \sigma^2\right) \cdot T + \frac{1}{2} \cdot \sigma^2 \cdot T} \quad (\because \text{MGF 公式 } 1) = S_0 \cdot \mathrm{e}^{\mu \cdot T} \tag{2.51}$$

これより，**図 2.1** の「⑥期末資産価格の期待値」が求められました．

もちろん，期末の資産価格の分散など，より高次のモーメントを求めることが可能です．これについては，演習としましょう．

ところで，得られた結果を表す式(2.51)は，あまり面白くないですね．確定的な世界での連続複利の公式(第 1 巻の 1.8 節 p.22)と同じですから．

B.　応用編

2.9　ポートフォリオ価値の過程

本章では基本的に 1 つの危険資産を対象として，それが連続的に取引される市場を考え，その連続的に観測される資産価格のダイナミクスについて議論をしています．ただし，これだけの知識では不足です．そこで，本節では，n 個の資産を対象として，以下の 5 つの観点より議論を行います．

① n 資産の価格を駆動する多次元標準ブラウン運動(**2.9.1 項**)

② n 資産の価格ダイナミクスを表現する多次元幾何ブラウン運動(**2.9.2 項**)

③ n 資産のリスク・リターン・プロファイル(**2.9.3 項**)

④ n 資産より構築するポートフォリオ価値のダイナミクス(**2.9.4 項**)

⑤ ポートフォリオ価値の対数線形近似(**2.9.5 項**)

2.9.1　n 資産の価格を駆動する多次元標準ブラウン運動

【要素 20】で定義した 1 次元標準ブラウン運動を拡張する，多次元標準ブラウン運動を要素として導入します．これが n 個の資産価格を駆動する源泉となります．

■ 要素 26

多次元の標準ブラウン運動と多次元の伊藤のルール

(1)　多次元標準ブラウン運動

【要素 20】で定義した標準ブラウン運動が，連続的な時間軸に沿って，n 個だけ観測されており，それらは互いに独立であるとします．これをベクターに格納したものを「多次元標準ブラウン運動(multi-dimensional standard Brownian motion)」とよび，次式のように表記します．

$$\left\{ \boldsymbol{W}_t := \begin{pmatrix} W_{1,t} \\ \vdots \\ W_{i,t} \\ \vdots \\ W_{n,t} \end{pmatrix} : t \geq 0 \right\} \tag{2.52}$$

また，多次元標準ブラウン運動の瞬間的な増分を次式のように書きます．

$$d\boldsymbol{W}_t = \begin{pmatrix} dW_{1,t} \\ \vdots \\ dW_{i,t} \\ \vdots \\ dW_{n,t} \end{pmatrix} \tag{2.53}$$

個々の標準ブラウン運動の増分 $dW_{i,t}$ は，【要素 20】の式(2.10)より，正規分布 $\mathcal{N}(0, dt)$ に従うため，その期待値は $E_t[dW_{i,t}]=0$，分散は $V_t[dW_{i,t}]=dt$ です．

① 多次元標準ブラウン運動の増分の期待値ベクター

個々の標準ブラウン運動の増分の期待値をベクターに格納したものが第 1 巻の【要素 67】の期待値ベクターであり，次式で表現します．

$$E_t[d\boldsymbol{W}_t] = \begin{pmatrix} E_t[dW_{1,t}] \\ \vdots \\ E_t[dW_{i,t}] \\ \vdots \\ E_t[dW_{n,t}] \end{pmatrix} = \begin{pmatrix} 0 \\ \vdots \\ 0 \\ \vdots \\ 0 \end{pmatrix} = \boldsymbol{0} \tag{2.54}$$

② 多次元標準ブラウン運動の増分の分散共分散行列

個々の標準ブラウン運動の増分 $dW_{i,t}$ の分散は，$V_t[dW_{i,t}] = dt$ であることは確認しています．これは，同一の標準ブラウン運動の増分 $dW_{i,t}$ と $dW_{i,t}$ との共分散ともいえるため，$Cov_t(dW_{i,t}, dW_{i,t}) = dt$ となります．一方，多次元標準ブラウン運動を構成する，異なる2つの標準ブラウン運動の増分 $dW_{i,t}$ と $dW_{j,t}$ $(i \neq j)$とは互いに独立であるため，共分散もゼロとなります．つまり，$Cov_t(dW_{i,t}, dW_{j,t}) = 0$ $(i \neq j)$となります．したがって，n 個の互いに独立な標準ブラウン運動の増分に関する分散共分散行列(第1巻の【要素67】)は次式で表現されます．

$$\begin{aligned} &V_t[d\boldsymbol{W}_t] \\ &:= \begin{pmatrix} Cov_t(dW_{1,t}, dW_{1,t}) & \cdots & Cov_t(dW_{1,t}, dW_{i,t}) & \cdots & Cov_t(dW_{1,t}, dW_{n,t}) \\ \vdots & \ddots & \vdots & \iddots & \vdots \\ Cov_t(dW_{i,t}, dW_{1,t}) & \cdots & Cov_t(dW_{i,t}, dW_{i,t}) & \cdots & Cov_t(dW_{i,t}, dW_{n,t}) \\ \vdots & \iddots & \vdots & \ddots & \vdots \\ Cov_t(dW_{n,t}, dW_{1,t}) & \cdots & Cov_t(dW_{n,t}, dW_{i,t}) & \cdots & Cov_t(dW_{n,t}, dW_{n,t}) \end{pmatrix} \\ &= \begin{pmatrix} dt & \cdots & 0 & \cdots & 0 \\ \vdots & \ddots & \vdots & \iddots & \vdots \\ 0 & \cdots & dt & \cdots & 0 \\ \vdots & \iddots & \vdots & \ddots & \vdots \\ 0 & \cdots & 0 & \cdots & dt \end{pmatrix} = \mathbf{I} \cdot dt \end{aligned} \tag{2.55}$$

ただし，$\mathbf{I}$ は n 次元の単位行列(第1巻の6.9節)を表します．

③ 多次元標準ブラウン運動の増分が従う多次元正規分布

式(2.54)と式(2.55)より，多次元標準ブラウン運動の増分は次式の多次元正規分布に従います．

$$d\boldsymbol{W}_t = \mathcal{N}_n(\boldsymbol{0}, \mathbf{I} \cdot dt) \tag{2.56}$$

(2)　多次元の伊藤のルール

【要素 24】の**表 2.1** に示した1次元の伊藤のルールは，多次元に拡張することが可能で，**表 2.2** として与えられます．

表 2.2　多次元の伊藤のルール

	$d\boldsymbol{W}'_t$	dt
$d\boldsymbol{W}_t$	$\mathbf{I}\cdot dt$	$\mathbf{0}$
dt	$\mathbf{0}'$	0

例えば，この**表 2.2** は次式のように読みます．

$$d\boldsymbol{W}_t \cdot d\boldsymbol{W}'_t = \mathbf{I}\cdot dt \tag{2.57}$$

ただし，上付き文字「′」は転置を表します．式(2.57)を要素ごとに書けば，次式のように表すことができます．

$$\begin{pmatrix} dW_{1,t} \\ \vdots \\ dW_{i,t} \\ \vdots \\ dW_{n,t} \end{pmatrix} \cdot (dW_{1,t} \cdots dW_{i,t} \cdots dW_{n,t})$$

$$= \begin{pmatrix} dW_{1,t}\cdot dW_{1,t} & \cdots & dW_{1,t}\cdot dW_{i,t} & \cdots & dW_{1,t}\cdot dW_{n,t} \\ \vdots & \ddots & \vdots & \iddots & \vdots \\ dW_{i,t}\cdot dW_{1,t} & \cdots & dW_{i,t}\cdot dW_{i,t} & \cdots & dW_{i,t}\cdot dW_{n,t} \\ \vdots & \iddots & \vdots & \ddots & \vdots \\ dW_{n,t}\cdot dW_{1,t} & \cdots & dW_{n,t}\cdot dW_{i,t} & \cdots & dW_{n,t}\cdot dW_{n,t} \end{pmatrix}$$

$$= \begin{pmatrix} dt & \cdots & 0 & \cdots & 0 \\ \vdots & \ddots & \vdots & \iddots & \vdots \\ 0 & \cdots & dt & \cdots & 0 \\ \vdots & \iddots & \vdots & \ddots & \vdots \\ 0 & \cdots & 0 & \cdots & dt \end{pmatrix} = \mathbf{I}\cdot dt \tag{2.58}$$

(3) **多次元の伊藤のルールの証明**

多次元の伊藤のルールを構成する式(2.57)の証明は **2.11.2** 項に記しています.

要素 26 ■

2.9.2 *n* 資産の価格ダイナミクスを表現する多次元幾何ブラウン運動

続いて，1つの危険資産価格のダイナミクスを記述する【要素 19】のアナロジーで，n 個の危険資産価格のダイナミクスも次の【要素 27】として記述します.

■ 要素 27

多次元幾何ブラウン運動

n 個の危険資産が連続時間で取引されている市場を考え，その資産価格の瞬間的なレート・リターンを表現する次式の確率過程を「多次元幾何ブラウン運動(multi-dimensional geometric Brownian motion)」といいます.

$$\begin{pmatrix} \dfrac{dS_{1,t}}{S_{1,t}} \\ \vdots \\ \dfrac{dS_{i,t}}{S_{i,t}} \\ \vdots \\ \dfrac{dS_{n,t}}{S_{n,t}} \end{pmatrix} = \begin{pmatrix} \mu_1 \\ \vdots \\ \mu_i \\ \vdots \\ \mu_n \end{pmatrix} \cdot dt + \begin{pmatrix} \lambda_{1,1} & \cdots & \lambda_{1,i} & \cdots & \lambda_{1,n} \\ \vdots & \ddots & \vdots & \iddots & \vdots \\ \lambda_{i,1} & \cdots & \lambda_{i,i} & \cdots & \lambda_{i,n} \\ \vdots & \iddots & \vdots & \ddots & \vdots \\ \lambda_{n,1} & \cdots & \lambda_{n,i} & \cdots & \lambda_{n,n} \end{pmatrix} \begin{pmatrix} dW_{1,t} \\ \vdots \\ dW_{i,t} \\ \vdots \\ dW_{n,t} \end{pmatrix}$$

$$\Leftrightarrow \mathrm{diag}(\boldsymbol{S}_t)^{-1} d\boldsymbol{S}_t = \boldsymbol{\mu} \cdot dt + \boldsymbol{\Lambda} d\boldsymbol{W}_t \tag{2.59}$$

ここで，n 資産の価格を格納したベクターを $\boldsymbol{S}_t := (S_{1,t} \cdots S_{i,t} \cdots S_{n,t})'$，その増分を $d\boldsymbol{S}_t := (dS_{1,t}\ \cdots\ dS_{i,t}\ \cdots\ dS_{n,t})'$ と定義します．また，$\mathrm{diag}(\boldsymbol{S}_t) :=$

$\begin{pmatrix} S_{1,t} & & \mathbf{O} \\ & \ddots & \\ \mathbf{O} & & S_{n,t} \end{pmatrix}$ は，対角成分要素が n 個の資産価格 $\{S_{1,t} \cdots S_{n,t}\}$ であるような対角行列を表しており，その逆行列は，第1巻の6.9節の式(6.112)より，次式のように求められます．

$$\mathrm{diag}(\boldsymbol{S}_t)^{-1} := \begin{pmatrix} \dfrac{1}{S_{1,t}} & & \mathbf{O} \\ & \ddots & \\ \mathbf{O} & & \dfrac{1}{S_{n,t}} \end{pmatrix}$$

式(2.59)は，形式的に，次式のように略記することもあります．

$$\frac{d\boldsymbol{S}_t}{\boldsymbol{S}_t} = \boldsymbol{\mu} \cdot dt + \boldsymbol{\Lambda} d\boldsymbol{W}_t \tag{2.60}$$

式(2.59)はレート・リターンの確率過程のようにも見えるため，次式のように書き直すことにより，n 資産の「価格」ダイナミクスを表現する確率過程と明示することも可能です．

$$d\boldsymbol{S}_t = \mathrm{diag}(\boldsymbol{S}_t) \cdot (\boldsymbol{\mu} \cdot dt + \boldsymbol{\Lambda} d\boldsymbol{W}_t) \tag{2.61}$$

さて，$\boldsymbol{W}_t$ は互いに独立な n 次元標準ブラウン運動，$d\boldsymbol{W}_t$ はその瞬間的な増分を表しています．$\boldsymbol{\mu} := (\mu_1 \cdots \mu_i \cdots \mu_n)'$ を「ドリフト係数ベクター(drift coefficient vector)」とよびます．$\boldsymbol{\Lambda} := (\lambda_{i,j})_{i,j=1,\cdots,n}$ を「拡散係数行列(diffusion coefficient matrix)」とよびます．これらは，式(2.59)を表現するモデル・パラメータ Θ となります．

$$\Theta := \{\boldsymbol{\mu}, \boldsymbol{\Lambda}\} \tag{2.62}$$

式(2.59)を資産 i という要素ごとに取り出せば，資産 i のレート・リターンは次式で表せます．

$$\frac{dS_{i,t}}{S_{i,t}} = \mu_i dt + \sum_{j=1}^{n} \lambda_{i,j} dW_{j,t} \quad (i = 1, \cdots, n) \tag{2.63}$$

要素 27 ■

【補足】

式(2.59)の拡散係数行列$\mathbf{\Lambda}$についての解釈は，後ほど議論します．また，式(2.59)の左辺について，ベクター・行列の表現は，次式のように得ることができます．

$$\begin{pmatrix} \dfrac{dS_{1,t}}{S_{1,t}} \\ \vdots \\ \dfrac{dS_{i,t}}{S_{i,t}} \\ \vdots \\ \dfrac{dS_{n,t}}{S_{n,t}} \end{pmatrix} = \begin{pmatrix} \dfrac{1}{S_{1,t}} & & \mathbf{O} \\ & \ddots & \\ \mathbf{O} & & \dfrac{1}{S_{n,t}} \end{pmatrix} \begin{pmatrix} dS_{1,t} \\ \vdots \\ dS_{n,t} \end{pmatrix} = \begin{pmatrix} S_{1,t} & & 0 \\ & \ddots & \\ 0 & & S_{n,t} \end{pmatrix}^{-1} \begin{pmatrix} dS_{1,t} \\ \vdots \\ dS_{n,t} \end{pmatrix}$$

$$= \mathrm{diag}(\boldsymbol{S}_t)^{-1} d\boldsymbol{S}_t \tag{2.64}$$

2.9.3　*n* 資産のリスク・リターン・プロファイル

第1巻の【要素25】でも述べたように，危険資産のリスク・リターン・プロファイルを理解することは重要です．多次元幾何ブラウン運動によって表現されるレート・リターンはどのようなリスク・リターン・プロファイルを有するのか，次の【要素28】として明らかにします．

■　要素28

多次元幾何ブラウン運動に従う危険資産価格のリスク・リターン・プロファイル

(1)　**危険資産 *i* のレート・リターン**

$$\frac{dS_{i,t}}{S_{i,t}} = \mu_i \cdot dt + \boldsymbol{\lambda}_{i,:} d\boldsymbol{W}_t \tag{2.65}$$

これは，式(2.63)を書き直したものです．ただし，行ベクター$\boldsymbol{\lambda}_{i,:}$は【要素28】の欄外で定義しています．

(2)　危険資産 i の期待レート・リターン

$$E_t\left[\frac{dS_{i,t}}{S_{i,t}}\right]=\mu_i\cdot dt \tag{2.66}$$

(3)　n 個の危険資産の期待値ベクター

$$E_t\left[\frac{d\boldsymbol{S}_t}{\boldsymbol{S}_t}\right]=\boldsymbol{\mu}\cdot dt \tag{2.67}$$

(4)　危険資産 i のレート・リターンの分散

$$V_t\left[\frac{dS_{i,t}}{S_{i,t}}\right]=\boldsymbol{\lambda}_{i,:}(\boldsymbol{\lambda}_{i,:})'\cdot dt=:\sigma_{ii}\cdot dt \tag{2.68}$$

(5)　危険資産 i と j とのレート・リターンの共分散

$$Cov_t\left(\frac{dS_{i,t}}{S_{i,t}},\ \frac{dS_{j,t}}{S_{j,t}}\right)=\boldsymbol{\lambda}_{i,:}(\boldsymbol{\lambda}_{j,:})'\cdot dt=:\sigma_{ij}\cdot dt \tag{2.69}$$

(6)　n 個の危険資産のレート・リターンの分散共分散行列

$$V_t\left[\frac{d\boldsymbol{S}_t}{\boldsymbol{S}_t}\right]=\begin{pmatrix}\sigma_{11} & \cdots & \sigma_{1j} & \cdots & \sigma_{1n}\\ \vdots & \ddots & \vdots & ⋰ & \vdots\\ \sigma_{i1} & \cdots & \sigma_{ij} & \cdots & \sigma_{in}\\ \vdots & ⋰ & \vdots & \ddots & \vdots\\ \sigma_{n1} & \cdots & \sigma_{nj} & \cdots & \sigma_{nn}\end{pmatrix}dt=:\boldsymbol{\Sigma}\cdot dt \tag{2.70}$$

(7)　拡散係数行列と分散共分散行列との関係

$$\boldsymbol{\Sigma}=\boldsymbol{\Lambda}\boldsymbol{\Lambda}' \tag{2.71}$$

なお，分散共分散行列$\boldsymbol{\Sigma}=\boldsymbol{\Lambda}\boldsymbol{\Lambda}'$は対称行列ですが，拡散係数行列$\boldsymbol{\Lambda}$は必ずしも対称行列である必要はないことに注意します．

要素 28 ■

[導出]

まず，式(2.62)のモデル・パラメータの一つである拡散係数行列$\mathbf{\Lambda}$について，以下の導出に必要な性質を，項目(0)としてまとめます．その後，【要素 28】を構成する(1)～(6)の性質を導出します．

(0) 拡散係数行列の第 i 行ベクター，第 j 列ベクターの定義

式(2.62)のモデル・パラメータの一つである拡散係数行列$\mathbf{\Lambda}$について，その第 i 行ベクターと第 j 列ベクターをそれぞれ，次式で定義します．

$$\boldsymbol{\lambda}_{i,:} \coloneqq (\lambda_{i,1} \cdots \lambda_{i,j} \cdots \lambda_{i,n}) \tag{2.72}$$

$$\boldsymbol{\lambda}_{:,j} \coloneqq \begin{pmatrix} \lambda_{1,j} \\ \vdots \\ \lambda_{i,j} \\ \vdots \\ \lambda_{n,j} \end{pmatrix} \tag{2.73}$$

(1) 危険資産 i のレート・リターン

危険資産 i のレート・リターンを表す式(2.63)の右辺の第 2 項は，式(2.72)による拡散係数行列$\mathbf{\Lambda}$の第 i 行ベクター$\boldsymbol{\lambda}_{i,:}$を用いて，次式のように書き直せます．

$$\sum_{j=1}^{n} \lambda_{i,j}\, dW_{j,t} = (\lambda_{i,1} \cdots \lambda_{i,j} \cdots \lambda_{i,n}) \cdot \begin{pmatrix} dW_{1,t} \\ \vdots \\ dW_{j,t} \\ \vdots \\ dW_{n,t} \end{pmatrix} = \boldsymbol{\lambda}_{i,:}\, d\boldsymbol{W}_t \tag{2.74}$$

よって，式(2.74)を式(2.63)に代入したものが，式(2.65)となります．

(2) 危険資産 i の期待レート・リターン

式(2.65)に条件付き期待値をとれば，次式のようになります．

$$\begin{aligned} E_t\left[\frac{dS_{i,t}}{S_{i,t}}\right] &= \mu_i \cdot dt + \boldsymbol{\lambda}_{i,:} E_t[d\boldsymbol{W}_t] \\ &= \mu_i \cdot dt + \boldsymbol{\lambda}_{i,:} \mathbf{0} \\ &\quad (\because \text{式}(2.54)\text{より}) \\ &= \mu_i \cdot dt \end{aligned} \tag{2.75}$$

(3)　n 個の危険資産の期待値ベクター

式(2.67)の左辺について，式(2.75)の結果を利用すれば，次式のようになります．

$$E_t\left[\frac{d\boldsymbol{S}_t}{\boldsymbol{S}_t}\right]=E_t\left[\begin{pmatrix}\frac{dS_{1,t}}{S_{1,t}}\\ \vdots\\ \frac{dS_{i,t}}{S_{i,t}}\\ \vdots\\ \frac{dS_{n,t}}{S_{n,t}}\end{pmatrix}\right]=\begin{pmatrix}E_t\left[\frac{dS_{1,t}}{S_{1,t}}\right]\\ \vdots\\ E_t\left[\frac{dS_{i,t}}{S_{i,t}}\right]\\ \vdots\\ E_t\left[\frac{dS_{n,t}}{S_{n,t}}\right]\end{pmatrix}=\begin{pmatrix}\mu_1\cdot dt\\ \vdots\\ \mu_i\cdot dt\\ \vdots\\ \mu_n\cdot dt\end{pmatrix}=\boldsymbol{\mu}\cdot dt \tag{2.76}$$

(4)　危険資産 i のレート・リターンの分散

式(2.69)において，$j=i$ と置けば，次のようになります．

$$Cov_t\left(\frac{dS_{i,t}}{S_{i,t}},\ \frac{dS_{i,t}}{S_{i,t}}\right)=V_t\left[\frac{dS_{i,t}}{\mathrm{S}_{i,t}}\right]=\boldsymbol{\lambda}_{i,:}(\boldsymbol{\lambda}_{i,:})'\cdot dt=:\sigma_{ii}\cdot dt$$

(5)　危険資産 i と j とのレート・リターンの共分散

$$Cov_t\left(\frac{dS_{i,t}}{S_{i,t}},\ \frac{dS_{j,t}}{S_{j,t}}\right)$$

$$=E_t\left[\left(\frac{dS_{i,t}}{S_{i,t}}-E_t\left[\frac{dS_{i,t}}{S_{i,t}}\right]\right)\cdot\left(\frac{dS_{j,t}}{S_{j,t}}-E_t\left[\frac{dS_{j,t}}{S_{j,t}}\right]\right)\right]$$

（∵第１巻の【要素 20】共分散の定義より）

$$=E_t[((\mu_i\cdot dt+\boldsymbol{\lambda}_{i,:}d\boldsymbol{W}_t)-\mu_i\cdot dt)\cdot((\mu_j\cdot dt+\boldsymbol{\lambda}_{j,:}d\boldsymbol{W}_t)-\mu_j\cdot dt)]$$

（∵式(2.65)と式(2.66)を代入）

$$=E_t[\boldsymbol{\lambda}_{i,:}d\boldsymbol{W}_t\cdot\boldsymbol{\lambda}_{j,:}d\boldsymbol{W}_t]=E_t[\boldsymbol{\lambda}_{i,:}d\boldsymbol{W}_t\cdot d\boldsymbol{W}_t{}'\boldsymbol{\lambda}_{j,:}']$$

（∵第１巻の 6.9 節(8)転置より）

$$=\boldsymbol{\lambda}_{i,:}E_t[d\boldsymbol{W}_t\cdot d\boldsymbol{W}_t{}']\boldsymbol{\lambda}_{j,:}'=\boldsymbol{\lambda}_{i,:}(\mathbf{I}dt)\boldsymbol{\lambda}_{j,:}'$$

（∵式(2.55)より $V_t[d\boldsymbol{W}_t]=E_t[d\boldsymbol{W}_t\cdot d\boldsymbol{W}_t']=\boldsymbol{I}\cdot dt$）

$$=\boldsymbol{\lambda}_{i,:}\boldsymbol{\lambda}_{j,:}'dt=\boldsymbol{\lambda}_{i,:}(\boldsymbol{\lambda}_{j,:})'\cdot dt$$

（∵間違いがないよう転置の書き直し）

$$=:\sigma_{ij}\cdot dt \tag{2.77}$$

ただし，σ_{ij} について次式のように定義しました．

$$\sigma_{ij}:=\boldsymbol{\lambda}_{i,:}(\boldsymbol{\lambda}_{j,:})' \tag{2.78}$$

(6)　n 個の危険資産のレート・リターンの分散共分散行列

一時的に，$\dfrac{dS_{i,t}}{S_{i,t}}-E_t\left[\dfrac{dS_{i,t}}{S_{i,t}}\right]=:\dfrac{d\bar{S}_{i,t}}{\bar{S}_{i,t}}\ (i=1,\cdots,n)$，そのベクター表現として $\dfrac{d\boldsymbol{S}_t}{\boldsymbol{S}_t}-E_t\left[\dfrac{d\boldsymbol{S}_t}{\boldsymbol{S}_t}\right]=:\dfrac{d\bar{\boldsymbol{S}}_t}{\bar{\boldsymbol{S}}_t}$ と書くことにします．このとき，レート・リターンの分散共分散行列は，次のようになります．

$$
\begin{aligned}
V_t\left[\frac{d\boldsymbol{S}_t}{\boldsymbol{S}_t}\right]&=E_t\left[\left(\frac{d\boldsymbol{S}_t}{\boldsymbol{S}_t}-E_t\left[\frac{d\boldsymbol{S}_t}{\boldsymbol{S}_t}\right]\right)\cdot\left(\frac{d\boldsymbol{S}_t}{\boldsymbol{S}_t}-E_t\left[\frac{d\boldsymbol{S}_t}{\boldsymbol{S}_t}\right]\right)'\right]\\
&=E_t\left[\frac{d\bar{\boldsymbol{S}}_t}{\bar{\boldsymbol{S}}_t}\cdot\left(\frac{d\bar{\boldsymbol{S}}_t}{\bar{\boldsymbol{S}}_t}\right)'\right]\\
&=E_t\left[\begin{pmatrix}\dfrac{d\bar{S}_{1,t}}{\bar{S}_{1,t}}\\ \vdots\\ \dfrac{d\bar{S}_{i,t}}{\bar{S}_{i,t}}\\ \vdots\\ \dfrac{d\bar{S}_{n,t}}{\bar{S}_{n,t}}\end{pmatrix}\cdot\left(\frac{d\bar{S}_{1,t}}{\bar{S}_{1,t}}\cdots\frac{d\bar{S}_{j,t}}{\bar{S}_{j,t}}\cdots\frac{d\bar{S}_{n,t}}{\bar{S}_{n,t}}\right)\right]\\
&=E_t\left[\begin{pmatrix}
\left(\dfrac{d\bar{S}_{1,t}}{\bar{S}_{1,t}}\cdot\dfrac{d\bar{S}_{1,t}}{\bar{S}_{1,t}}\right)\cdots\left(\dfrac{d\bar{S}_{1,t}}{\bar{S}_{1,t}}\cdot\dfrac{d\bar{S}_{j,t}}{\bar{S}_{j,t}}\right)\cdots\left(\dfrac{d\bar{S}_{1,t}}{\bar{S}_{1,t}}\cdot\dfrac{d\bar{S}_{n,t}}{\bar{S}_{n,t}}\right)\\
\vdots\qquad\ddots\qquad\vdots\qquad⋰\qquad\vdots\\
\left(\dfrac{d\bar{S}_{i,t}}{\bar{S}_{i,t}}\cdot\dfrac{d\bar{S}_{1,t}}{\bar{S}_{1,t}}\right)\cdots\left(\dfrac{d\bar{S}_{i,t}}{\bar{S}_{i,t}}\cdot\dfrac{d\bar{S}_{j,t}}{\bar{S}_{j,t}}\right)\cdots\left(\dfrac{d\bar{S}_{i,t}}{\bar{S}_{i,t}}\cdot\dfrac{d\bar{S}_{n,t}}{\bar{S}_{n,t}}\right)\\
\vdots\qquad⋰\qquad\vdots\qquad\ddots\qquad\vdots\\
\left(\dfrac{d\bar{S}_{n,t}}{\bar{S}_{n,t}}\cdot\dfrac{d\bar{S}_{1,t}}{\bar{S}_{1,t}}\right)\cdots\left(\dfrac{d\bar{S}_{n,t}}{\bar{S}_{n,t}}\cdot\dfrac{d\bar{S}_{j,t}}{\bar{S}_{j,t}}\right)\cdots\left(\dfrac{d\bar{S}_{n,t}}{\bar{S}_{n,t}}\cdot\dfrac{d\bar{S}_{n,t}}{\bar{S}_{n,t}}\right)
\end{pmatrix}\right]\\
&=\begin{pmatrix}
E_t\left[\dfrac{d\bar{S}_{1,t}}{\bar{S}_{1,t}}\cdot\dfrac{d\bar{S}_{1,t}}{\bar{S}_{1,t}}\right]\cdots E_t\left[\dfrac{d\bar{S}_{1,t}}{\bar{S}_{1,t}}\cdot\dfrac{d\bar{S}_{j,t}}{\bar{S}_{j,t}}\right]\cdots E_t\left[\dfrac{d\bar{S}_{1,t}}{\bar{S}_{1,t}}\cdot\dfrac{d\bar{S}_{n,t}}{\bar{S}_{n,t}}\right]\\
\vdots\qquad\ddots\qquad\vdots\qquad⋰\qquad\vdots\\
E_t\left[\dfrac{d\bar{S}_{i,t}}{\bar{S}_{i,t}}\cdot\dfrac{d\bar{S}_{1,t}}{\bar{S}_{1,t}}\right]\cdots E_t\left[\dfrac{d\bar{S}_{i,t}}{\bar{S}_{i,t}}\cdot\dfrac{d\bar{S}_{j,t}}{\bar{S}_{j,t}}\right]\cdots E_t\left[\dfrac{d\bar{S}_{i,t}}{\bar{S}_{i,t}}\cdot\dfrac{d\bar{S}_{n,t}}{\bar{S}_{n,t}}\right]\\
\vdots\qquad⋰\qquad\vdots\qquad\ddots\qquad\vdots\\
E_t\left[\dfrac{d\bar{S}_{n,t}}{\bar{S}_{n,t}}\cdot\dfrac{d\bar{S}_{1,t}}{\bar{S}_{1,t}}\right]\cdots E_t\left[\dfrac{d\bar{S}_{n,t}}{\bar{S}_{n,t}}\cdot\dfrac{d\bar{S}_{j,t}}{\bar{S}_{j,t}}\right]\cdots E_t\left[\dfrac{d\bar{S}_{n,t}}{\bar{S}_{n,t}}\cdot\dfrac{d\bar{S}_{n,t}}{\bar{S}_{n,t}}\right]
\end{pmatrix}
\end{aligned}
$$

$$
= \begin{pmatrix}
Cov_t\left(\frac{dS_{1,t}}{S_{1,t}}, \frac{dS_{1,t}}{S_{1,t}}\right) & \cdots & Cov_t\left(\frac{dS_{1,t}}{S_{1,t}}, \frac{dS_{j,t}}{S_{j,t}}\right) & \cdots & Cov_t\left(\frac{dS_{1,t}}{S_{1,t}}, \frac{dS_{n,t}}{S_{n,t}}\right) \\
\vdots & \ddots & \vdots & ⋰ & \vdots \\
Cov_t\left(\frac{dS_{i,t}}{S_{i,t}}, \frac{dS_{1,t}}{S_{1,t}}\right) & \cdots & Cov_t\left(\frac{dS_{i,t}}{S_{i,t}}, \frac{dS_{j,t}}{S_{j,t}}\right) & \cdots & Cov_t\left(\frac{dS_{i,t}}{S_{i,t}}, \frac{dS_{n,t}}{S_{n,t}}\right) \\
\vdots & ⋰ & \vdots & \ddots & \vdots \\
Cov_t\left(\frac{dS_{n,t}}{S_{n,t}}, \frac{dS_{1,t}}{S_{1,t}}\right) & \cdots & Cov_t\left(\frac{dS_{n,t}}{S_{n,t}}, \frac{dS_{j,t}}{S_{j,t}}\right) & \cdots & Cov_t\left(\frac{dS_{n,t}}{S_{n,t}}, \frac{dS_{n,t}}{S_{n,t}}\right)
\end{pmatrix}
$$

$$
= \begin{pmatrix}
\sigma_{11} & \cdots & \sigma_{1j} & \cdots & \sigma_{1n} \\
\vdots & \ddots & \vdots & ⋰ & \vdots \\
\sigma_{i1} & \cdots & \sigma_{ij} & \cdots & \sigma_{in} \\
\vdots & ⋰ & \vdots & \ddots & \vdots \\
\sigma_{n1} & \cdots & \sigma_{nj} & \cdots & \sigma_{nn}
\end{pmatrix} \cdot dt \quad (\because \text{式}(2.77)\text{より})
$$

$$
= \boldsymbol{\Sigma} \cdot dt
$$

$$
= \text{式}(2.70) \tag{2.79}
$$

(7)　拡散係数行列と分散共分散行列との関係

n 個の危険資産の分散共分散行列$\boldsymbol{\Sigma}$について次のような展開が可能です．

$$
\boldsymbol{\Sigma} = \begin{pmatrix}
\sigma_{11} & \cdots & \sigma_{1j} & \cdots & \sigma_{1n} \\
\vdots & \ddots & \vdots & ⋰ & \vdots \\
\sigma_{i1} & \cdots & \sigma_{ij} & \cdots & \sigma_{in} \\
\vdots & ⋰ & \vdots & \ddots & \vdots \\
\sigma_{n1} & \cdots & \sigma_{nj} & \cdots & \sigma_{nn}
\end{pmatrix}
$$

$$
= \begin{pmatrix}
\boldsymbol{\lambda}_{1,:}(\boldsymbol{\lambda}_{1,:})' & \cdots & \boldsymbol{\lambda}_{1,:}(\boldsymbol{\lambda}_{j,:})' & \cdots & \boldsymbol{\lambda}_{1,:}(\boldsymbol{\lambda}_{n,:})' \\
\vdots & \ddots & \vdots & ⋰ & \vdots \\
\boldsymbol{\lambda}_{i,:}(\boldsymbol{\lambda}_{1,:})' & \cdots & \boldsymbol{\lambda}_{i,:}(\boldsymbol{\lambda}_{j,:})' & \cdots & \boldsymbol{\lambda}_{i,:}(\boldsymbol{\lambda}_{n,:})' \\
\vdots & ⋰ & \vdots & \ddots & \vdots \\
\boldsymbol{\lambda}_{n,:}(\boldsymbol{\lambda}_{1,:})' & \cdots & \boldsymbol{\lambda}_{n,:}(\boldsymbol{\lambda}_{j,:})' & \cdots & \boldsymbol{\lambda}_{n,:}(\boldsymbol{\lambda}_{n,:})'
\end{pmatrix} \quad (\because \text{式}(2.78)\text{より})
$$

$$
= \begin{pmatrix} \boldsymbol{\lambda}_{1,:} \\ \vdots \\ \boldsymbol{\lambda}_{i,:} \\ \vdots \\ \boldsymbol{\lambda}_{n,:} \end{pmatrix} \cdot \left((\boldsymbol{\lambda}_{1,:})' \cdots (\boldsymbol{\lambda}_{j,:})' \cdots (\boldsymbol{\lambda}_{n,:})'\right) = \begin{pmatrix} \boldsymbol{\lambda}_{1,:} \\ \vdots \\ \boldsymbol{\lambda}_{i,:} \\ \vdots \\ \boldsymbol{\lambda}_{n,:} \end{pmatrix} \cdot \begin{pmatrix} \boldsymbol{\lambda}_{1,:} \\ \vdots \\ \boldsymbol{\lambda}_{j,:} \\ \vdots \\ \boldsymbol{\lambda}_{n,:} \end{pmatrix}' = \boldsymbol{\Lambda}\boldsymbol{\Lambda}' \tag{2.80}
$$

よって，式(2.71)が成立します．

□

2.9.4　n資産より構築するポートフォリオ価値のダイナミクス

式(2.60)の多次元幾何ブラウン運動に従うn個の危険資産が市場で取引されているとします．時点tにおいて，n個の危険資産を組み入れたポートフォリオを構築します．時点tでの各資産の取引価格を$S_{i,t}$，購入単位数を$\theta_{i,t}$とするとき，そのポートフォリオ価値は次式で表されます．

$$V_t = \sum_{i=1}^{n} \theta_{i,t} \cdot S_{i,t} \tag{2.81}$$

現時点tから見て，瞬間的な将来時点である時点$t+dt$においても，すべての危険資産が市場で取引され，$S_{i,t+dt}$ $(i=1, \cdots, n)$という価格で取引されているとします．市場における各資産の価格変動の結果，ポートフォリオ全体の価値は，次式のようになります．

$$V_{t+dt} = \sum_{i=1}^{n} \theta_{i,t} \cdot S_{i,t+dt} \tag{2.82}$$

ここで，各資産の購入単位数$\theta_{i,t}$は，時点tから時点$t+dt$まで変更がないとします．すると，ポートフォリオ価値の瞬間的なレート・リターンは，第1巻の【要素2】の定義より，(レート・リターン)＝(受取額－投資額)／投資額と与えられます．この定義において，受取額をV_{t+dt}，投資額をV_tと読み替えたうえで，それぞれに式(2.82)と式(2.81)を代入すれば，ポートフォリオ価値の瞬間的なレート・リターンは，次式のように表すことができます．

$$\frac{dV_t}{V_t} := \frac{V_{t+dt}(\text{受取額}) - V_t(\text{投資額})}{V_t(\text{投資額})} = \frac{\Sigma_{i=1}^{n} \theta_{i,t} \cdot S_{i,t+dt} - \Sigma_{i=1}^{n} \theta_{i,t} \cdot S_{i,t}}{V_t}$$

$$= \frac{1}{V_t} \cdot \sum_{i=1}^{n} \theta_{i,t} \cdot (S_{i,t+dt} - S_{i,t}) = \frac{1}{V_t} \cdot \sum_{i=1}^{n} \theta_{i,t} \cdot S_{i,t} \cdot \frac{S_{i,t+dt} - S_{i,t}}{S_{i,t}}$$

(∵分母・分子に$S_{i,t}$を挿入)

$$= \sum_{i=1}^{n} \frac{\theta_{i,t} \cdot S_{i,t}}{V_t} \cdot \frac{dS_{i,t}}{S_{i,t}} \quad (\because dS_{i,t} := S_{i,t+dt} - S_{i,t})$$

$$= \sum_{i=1}^{n} w_{i,t} \cdot \frac{dS_{i,t}}{S_{i,t}} \quad (\because w_{i,t} \coloneqq \theta_{i,t} \cdot S_{i,t}/V_t) \tag{2.83}$$

ここで，$w_{i,t}$ は次式として定義される，資産 i への投資金額比率，つまり第 1 巻の【要素 30】のポートフォリオ・ウェイトを表します．

$$w_{i,t} \coloneqq \frac{\theta_{i,t} \cdot S_{i,t}}{V_t} = \frac{\text{資産}i\text{への投資額}}{\text{ポートフォリオ全体の価値}} \tag{2.84}$$

式(2.83)と式(2.84)に関する議論は，第 1 巻の【要素 70】と共通しますので，そちらも復習してください．なお，本書を通じて，表記が良くないですが，小文字の w はポートフォリオ・ウェイトを，大文字の W は標準ブラウン運動をそれぞれ表すことにします．

さらに，ポートフォリオ・ウェイトのベクターを $\boldsymbol{w}_t = (w_{1,t} \cdots w_{n,t})'$，危険資産のレート・リターンのベクターを $d\boldsymbol{S}_t/\boldsymbol{S}_t = (dS_{1,t}/S_{1,t} \cdots dS_{n,t}/S_{n,t})'$ と書くことにすれば，式(2.83)は，式(2.60)を利用して次式のように表現できます．

$$\begin{aligned}
\frac{dV_t}{V_t} &= (w_{1,t} \cdots w_{n,t}) \cdot \begin{pmatrix} \dfrac{dS_{1,t}}{S_{1,t}} \\ \vdots \\ \dfrac{dS_{n,t}}{S_{n,t}} \end{pmatrix} \\
&= \boldsymbol{w}_t' \frac{d\boldsymbol{S}_t}{\boldsymbol{S}_t} = \boldsymbol{w}_t' (\boldsymbol{\mu} dt + \boldsymbol{\Lambda} d\boldsymbol{W}_t) \\
&= \boldsymbol{w}_t' \boldsymbol{\mu} dt + \boldsymbol{w}_t' \boldsymbol{\Lambda} d\boldsymbol{W}_t
\end{aligned} \tag{2.85}$$

これは，危険資産の価格を多次元幾何ブラウン運動で表現する場合に，ポートフォリオ価値のレート・リターンが従う過程を表しています．式(2.56)より，$d\boldsymbol{W}_t = \mathcal{N}_n(\mathbf{0}, \mathbf{I} \cdot dt)$ ですから，これを式(2.85)に代入します．さらに，第 2 巻の【要素 24】「多次元正規分布の括り入れ・括り出しルール」を適用すれば，ポートフォリオ価値のレート・リターンは次式の正規分布に従うことがわかります．

$$\frac{dV_t}{V_t} = \boldsymbol{w}_t' \boldsymbol{\mu} \cdot dt + \boldsymbol{w}_t' \boldsymbol{\Lambda} \cdot \mathcal{N}_n(\mathbf{0}, \mathbf{I} \cdot dt)$$

$$
\begin{aligned}
&= \boldsymbol{w}_t{}'\boldsymbol{\mu}\cdot dt + \mathcal{N}_1(\boldsymbol{w}_t{}'\boldsymbol{\Lambda}\cdot\boldsymbol{0},\ \boldsymbol{w}_t{}'\boldsymbol{\Lambda}\cdot(\mathbf{I}\cdot dt)\cdot(\boldsymbol{w}_t{}'\boldsymbol{\Lambda})')\\
&= \boldsymbol{w}_t{}'\boldsymbol{\mu}\cdot dt + \mathcal{N}_1(0,\ \boldsymbol{w}_t{}'\boldsymbol{\Lambda}\boldsymbol{\Lambda}'\boldsymbol{w}_t\cdot dt)\\
&= \mathcal{N}_1(\boldsymbol{w}_t{}'\boldsymbol{\mu}\cdot dt,\ \boldsymbol{w}_t{}'\boldsymbol{\Sigma}\boldsymbol{w}_t\cdot dt) \qquad (2.86)
\end{aligned}
$$

まとめとして，ポートフォリオ価値のレート・リターンに関するリスク・リターン・プロファイルを次の【要素 29】としてまとめることができます．

■ 要素 29

連続時間におけるポートフォリオ価値のリスク・リターン・プロファイル

n 個の危険資産の価格が，式(2.60)の多次元幾何ブラウン運動に従うとき，そのポートフォリオ価値のレート・リターン，およびそのリスクとリターンはそれぞれ，次のように与えられます．

(1) ポートフォリオのレート・リターン

ポートフォリオ価値のレート・リターンは，再掲する式(2.85)として表されます．

$$
\frac{dV_t}{V_t} = \boldsymbol{w}_t{}'\boldsymbol{\mu}dt + \boldsymbol{w}_t{}'\boldsymbol{\Lambda}d\boldsymbol{W}_t \qquad (2.87)
$$

(2) ポートフォリオのリターン

ポートフォリオ価値のレート・リターンの期待値として表現します．

$$
E_t\left[\frac{dV_t}{V_t}\right] = \boldsymbol{w}_t{}'\boldsymbol{\mu}\cdot dt \qquad (2.88)
$$

(3) ポートフォリオのリスク

ポートフォリオ価値のレート・リターンの分散として表現します．

$$
V_t\left[\frac{dV_t}{V_t}\right] = \boldsymbol{w}_t{}'\boldsymbol{\Sigma}\boldsymbol{w}_t\cdot dt \qquad (2.89)
$$

要素 29 ■

2.9.5　ポートフォリオ価値の対数線形近似

2.4.1 項の式(2.32)で議論したように，資産価格の瞬間的なログ・リターンに関する２次までのテイラー展開により，「資産価格のログ・リターンは，通常のレート・リターンから『通常のレート・リターンの２乗の半分』を差し引いたもの」として近似が可能です．この式(2.32)において，資産価格 S_t を，ポートフォリオ価値 V_t と読み替えます．

$$d\log V_t = \left(\frac{dV_t}{V_t}\right) - \frac{1}{2}\left(\frac{dV_t}{V_t}\right)^2 \tag{2.90}$$

式(2.85)を式(2.90)に代入します．このとき，**【要素 26】**「多次元の伊藤のルール」より，$d\boldsymbol{W}_t \cdot d\boldsymbol{W}_t' = \mathbf{I} \cdot dt$，$d\boldsymbol{W}_t \cdot dt = 0$，$(dt)^2 = 0$ であることを利用すれば，次の展開が可能です．

$$\begin{aligned}
d\log V_t &= \left(\frac{dV_t}{V_t}\right) - \frac{1}{2}\cdot(\boldsymbol{w}_t'\boldsymbol{\mu}dt + \boldsymbol{w}_t'\boldsymbol{\Lambda}d\boldsymbol{W}_t)^2 \\
&= \left(\frac{dV_t}{V_t}\right) - \frac{1}{2}\cdot\left[(\boldsymbol{w}_t'\boldsymbol{\mu})^2\cdot(dt)^2 + 2\cdot(\boldsymbol{w}_t'\boldsymbol{\mu})\cdot(\boldsymbol{w}_t'\boldsymbol{\Lambda}\cdot d\boldsymbol{W}_t)\cdot dt \right.\\
&\quad \left. + (\boldsymbol{w}_t'\boldsymbol{\Lambda}d\boldsymbol{W}_t)^2\right] \\
&= \left(\frac{dV_t}{V_t}\right) - \frac{1}{2}\cdot(\boldsymbol{w}_t'\boldsymbol{\Lambda}d\boldsymbol{W}_t)\cdot(d\boldsymbol{W}_t'\boldsymbol{\Lambda}'\boldsymbol{w}_t) \\
&\quad (\because (dt)^2 = 0,\ d\boldsymbol{W}_t\cdot dt = \mathbf{0}) \\
&= \left(\frac{dV_t}{V_t}\right) - \frac{1}{2}\cdot\boldsymbol{w}_t'\boldsymbol{\Lambda}(\mathbf{I}\cdot dt)\boldsymbol{\Lambda}'\boldsymbol{w}_t \quad (\because d\boldsymbol{W}_t\cdot d\boldsymbol{W}_t' = \mathbf{I}\cdot dt) \\
&= \left(\frac{dV_t}{V_t}\right) - \frac{1}{2}\cdot\boldsymbol{w}_t'\boldsymbol{\Lambda}\boldsymbol{\Lambda}'\boldsymbol{w}_t\cdot dt = \left(\frac{dV_t}{V_t}\right) - \frac{1}{2}\cdot\boldsymbol{w}_t'\boldsymbol{\Sigma}\boldsymbol{w}_t\cdot dt \\
&= \left(\frac{dV_t}{V_t}\right) - \frac{1}{2}\cdot V_t\left[\frac{dV_t}{V_t}\right] \quad (\because \text{式(2.89)より})
\end{aligned} \tag{2.91}$$

式(2.91)を，「ポートフォリオ価値に関する「対数線形近似(log-linear approximation)」」とよぶことにします．

2.10　対数線形近似による連続時間モデルの離散時間モデルへの架橋

連続時間における資産価格モデルで導出された結果は，一般的に，離散時間における資産価格モデルに対しては成立しません．しかし，十分に小さな時間間隔でとった離散的な時間軸に沿って，市場において取引され，その取引価格が観測可能な資産やその集合体であるポートフォリオについて，連続時間における資産価格モデルの仮定やそれにもとづく結果が，近似的に成立していると考えることができます．

(1)　単一資産価格について成立する対数線形近似：式(2.35)

$$d\log S_t = \left(\frac{dS_t}{S_t}\right) - \frac{1}{2}\cdot V_t\left[\frac{dS_t}{S_t}\right] \tag{2.92}$$

(2)　ポートフォリオ価値について成立する対数線形近似：式(2.91)[1)]

$$d\log V_t = \left(\frac{dV_t}{V_t}\right) - \frac{1}{2}\cdot V_t\left[\frac{dV_t}{V_t}\right] \tag{2.93}$$

よって，単一資産価格についても，ポートフォリオ価値についても，次の言葉数式に集約される，同一表現の対数線形近似が成立することがわかります．

(瞬間的なログ・リターン)

＝(瞬間的なレート・リターン)

$-\dfrac{1}{2}$・(瞬間的なレート・リターンの条件付き分散)　　(2.94)

そこで，以降の対数線形近似を巡る議論は，ポートフォリオ価値 V_t につい

1)　pp.91 ～ 92 の議論にて，時点 t でのポートフォリオ価値を表す V_t と，時点 t で利用可能な情報にもとづく条件付き分散を表す V_t［　］が，同一のアルファベット V を用いた紛らわしい表記となっています．後者の意味で用いる場合には，V_t［　］のように角カッコ(大カッコ)を伴っています．角カッコのある・なしで両者を区別してください．

て行いますが，それは単一資産価格 S_t と読み替えることが可能です．

まず，十分に小さな時間間隔を Δt と書きます．このとき，ポートフォリオ価値 V_t に関する対数線形近似を表す式(2.93)において，dt を Δt で置き換えることにします．

$$d\log V_t = \left(\frac{dV_t}{V_t}\right) - \frac{1}{2}\cdot V_t\left[\frac{dV_t}{V_t}\right]$$

$$\Leftrightarrow \log V_{t+dt} - \log V_t = \left(\frac{V_{t+dt}-V_t}{V_t}\right) - \frac{1}{2}\cdot V_t\left[\frac{V_{t+dt}-V_t}{V_t}\right]$$

$$\Rightarrow \log\left(\frac{V_{t+\Delta t}}{V_t}\right) = \left(\frac{V_{t+\Delta t}-V_t}{V_t}\right) - \frac{1}{2}\cdot V_t\left[\frac{V_{t+\Delta t}-V_t}{V_t}\right] \tag{2.95}$$

さらに，その離散的な時間軸(例えば，1分間隔でとられた離散的な時間軸)における，十分に小さな時間間隔を $\Delta t=1$ (例えば，1分間)とすれば，次式のように書くことができます．

$$\log\left(\frac{V_{t+1}}{V_t}\right) = \left(\frac{V_{t+1}-V_t}{V_t}\right) - \frac{1}{2}\cdot V_t\left[\frac{V_{t+1}-V_t}{V_t}\right]$$

$$\Leftrightarrow r_{t+1} = R_{t+1} - \frac{1}{2}\cdot V_t[R_{t+1}] \tag{2.96}$$

この結果は，対数線形近似(Campbell-Viceira (2002))として知られています．要素としてまとめましょう．

■ 要素30

対数線形近似

連続時間モデルの結果を離散時間モデルに架橋する対数線形近似は，ログ・リターン r_t とレート・リターン R_t との関係を次式のように表現します．

$$r_{t+1} = R_{t+1} - \frac{1}{2}\cdot V_t[R_{t+1}] \tag{2.97}$$

要素30 ■

C. 発展編

2.11 伊藤のルールの導出

本節では，【要素 24】の 1 次元の伊藤のルール，【要素 26】の多次元の伊藤のルールを導出します．

2.11.1 1 次元の伊藤のルール

時点 0 から t までの連続的な時間軸 $[0, t]$ に沿って，標準ブラウン運動 $\{W_u: 0 \leq u \leq t\}$ が観測されるとします．ここで考えたい問題は以下のとおりです．

[問題]　$[0, t]$ において，標準ブラウン運動の瞬間的な増分の二乗 $(dW_u)^2$ の積分である $\int_0^t (dW_u)^2$ はどのように与えられるでしょうか．

[答え]　次式が答えになります．

$$\int_0^t (dW_u)^2 = t \tag{2.98}$$

これを微分形式で表現すると，次式のようになります．

$$(dW_t)^2 = dt \tag{2.99}$$

式(2.98)は，次のように導出することができます．

[導出]

図 2.5 に示したように，連続時間で考えるオリジナルの時間軸と，これを n 分割して離散化した時間軸を考えます．ただし，連続時間で考えるオリジナルの時間軸上において観測する標準ブラウン運動と，離散時間で考える分割された時間軸上において観測する標準ブラウン運動とは同一のものであると仮定します．

まず，オリジナルの時間軸の $[0, t]$ を n 分して，時間間隔を $h := \dfrac{t}{n}$ とした，分割された時間軸上の離散時点 $i = 0, 1, \cdots, n$ を考えます．各離散時点 i において観測される標準ブラウン運動を W_i $(i=0, 1, \cdots, n)$と書くことにします．このとき，連続時間において，標準ブラウン運動の瞬間的な増分の2乗$(dW_u)^2$の積分である$\int_0^t (dW_u)^2$を，次式の和の極限として定義します．

$$\int_0^t (dW_u)^2 = \lim_{n\to\infty} \sum_{i=1}^{n} (W_i - W_{i-1})^2 \tag{2.100}$$

次に，式(2.100)の右辺にある，$\Sigma_{i=1}^n (W_i - W_{i-1})^2$を評価していきます．まず，その中身である，離散時点$i-1$からiまでの時間間隔hにおける，標準ブラウン運動の増分$W_i - W_{i-1}$に着目します．【要素20】「標準ブラウン運動の性質②」より，次式のようになります．

$$W_i - W_{i-1} = \mathcal{N}(0, h) = \sqrt{h} \cdot \mathcal{N}(0, 1) = \sqrt{h} \cdot Z_i \tag{2.101}$$

ただし，標準ブラウン運動の増分$W_i - W_{i-1}$は，【要素20】「同性質③」より，独立増分であるため，$Z_i (i=1, \cdots, n)$も独立に同一の標準正規分布$\mathcal{N}(0, 1)$に従うことになります．期待値と分散はそれぞれ$E[Z_i]=0$と$V[Z_i]=1$なので，2乗の期待値は第1巻の【要素20】「分散の公式—その1」より，次式のようになります．

$$E[(Z_i)^2] = V[Z_i] + (E[Z_i])^2 = 1 + 0^2 = 1 \tag{2.102}$$

ここで，式(2.101)を式(2.100)の右辺に代入すれば，次式のようになります．

$$\begin{aligned} \lim_{n\to\infty} \sum_{i=1}^{n} (W_i - W_{i-1})^2 &= \lim_{n\to\infty} h \cdot \sum_{i=1}^{n} Z_i^2 \\ &= \lim_{n\to\infty} t \cdot \frac{\Sigma_{i=1}^n (Z_i)^2}{n} \quad (\because h = \frac{t}{n}) \end{aligned} \tag{2.103}$$

上式(2.103)の右辺について，$n\to\infty$のとき，第2巻の【要素31】「大数の法則」より，$\frac{\Sigma_{i=1}^n (Z_i)^2}{n} \to E[(Z_i)^2]$となります．よって，上式(2.103)は，次式のようになります．

$$\begin{aligned} \lim_{n\to\infty} \sum_{i=1}^{n} (W_i - W_{i-1})^2 &= \lim_{n\to\infty} t \cdot \frac{\Sigma_{i=1}^n (Z_i)^2}{n} = t \cdot E[(Z_i)^2] \\ &= t \cdot 1 \quad (\because 式(2.102)) \\ &= t \end{aligned} \tag{2.104}$$

この式(2.104)を，式(2.100)の右辺に代入すれば，次式の結論が得られます．

$$\int_0^t (dW_u)^2 = t \tag{2.105}$$

□

2.11.2 多次元の伊藤のルール

時点0からtまでの連続的な時間軸$[0, t]$に沿って，独立な2つの標準ブラウン運動 $\{W_{j,u} : 0 \leq u \leq t\}$ と $\{W_{k,u} : 0 \leq u \leq t\}$ が観測されるとします．ここで議論したい問題は次のとおりです．

[問題] $[0, t]$において，独立な2つの標準ブラウン運動の瞬間的な増分の積$(dW_{j,t}) \cdot (dW_{k,t})$，あるいは，その積分である$\int_0^t (dW_{j,u}) \cdot (dW_{k,u})$はどのように与えられるでしょうか．

[答え] $j \neq k$とするとき，次式が答えになります．

$$\int_0^t (dW_{j,u}) \cdot (dW_{k,u}) = 0 \tag{2.106}$$

これを微分形式で表現すると，次式のようになります．

$$(dW_{j,t}) \cdot (dW_{k,t}) = 0 \tag{2.107}$$

式(2.106)は，次のように導出することができます．

[導出]

1次元の伊藤のルールの導出と同様に，**図2.5**に示す仮定を置いて導出します．

まず，オリジナルの時間軸の$[0, t]$をn分して，時間間隔を$h := \dfrac{t}{n}$とした，分割された時間軸上の離散時点$i = 0, 1, \cdots, n$を考えます．各離散時点iにおいて観測される，2つの異なる独立な標準ブラウン運動をそれぞれ$W_{j,i}$と$W_{k,i}$ $(j \neq k ; i = 0, 1, \cdots, n)$と書くことにします．このとき，連続時間において，2つの異なる独立な標準ブラウン運動の瞬間的な増分の積$dW_{j,u} \cdot dW_{k,u}$の積分である$\int_0^t (dW_{j,u}) \cdot (dW_{k,u})$を，次式のような和の極限として定義します．

$$\int_0^t (dW_{j,u}) \cdot (dW_{k,u}) = \lim_{n \to \infty} \sum_{i=1}^{n} (W_{j,i} - W_{j,i-1}) \cdot (W_{k,i} - W_{k,i-1}) \quad (j \neq k) \tag{2.108}$$

以下に，式(2.108)の右辺にある，$\Sigma_{i=1}^{n} (W_{j,i} - W_{j,i-1}) \cdot (W_{k,i} - W_{k,i-1})$を評価していきます．まず，その中身である，離散時点$i-1$からiまでの時間間隔hにおける，2

つの標準ブラウン運動の増分である $W_{j,i}-W_{j,i-1}$ と $W_{k,i}-W_{k,i-1}$ に着目します．【要素 20】「標準ブラウン運動の性質②」より，次式のようになります．

$$W_{j,i}-W_{j,i-1}=\mathcal{N}(0,h)=\sqrt{h}\cdot\mathcal{N}(0,1)=:\sqrt{h}\cdot Z_{j,i} \tag{2.109}$$

$$W_{k,i}-W_{k,i-1}=\mathcal{N}(0,h)=\sqrt{h}\cdot\mathcal{N}(0,1)=:\sqrt{h}\cdot Z_{k,i} \tag{2.110}$$

ここで，2つの標準ブラウン運動の増分 $W_{j,i}-W_{j,i-1}$ と $W_{k,i}-W_{k,i-1}$ は独立なので，標準正規分布に従う $Z_{j,i}$ と $Z_{k,i}$ も独立です．よって，$Cov(Z_{j,i},Z_{k,i})=0$ です．さらに，2つの標準ブラウン運動の増分 $W_{j,i}-W_{j,i-1}$ と $W_{k,i}-W_{k,i-1}$ はそれぞれ【要素 20】「同性質③」より独立増分であるため，$Z_{j,i}$ と $Z_{k,i}$ $(i=1,\cdots,n)$ も独立に同一の標準正規分布 $\mathcal{N}(0,1)$ に従うことになります．期待値と分散はそれぞれ，$E[Z_{j,i}]=E[Z_{k,i}]=0$ と $V[Z_{j,i}]=V[Z_{k,i}]=1$ となります．以上より，2つの標準ブラウン運動の積の期待値は，第1巻の【要素 20】「共分散の公式」より，次式のようになります．

$$E[Z_{j,i}\cdot Z_{k,i}]=Cov(Z_{j,i},Z_{k,i})+E[Z_{j,i}]\cdot E[Z_{k,i}]=0 \tag{2.111}$$

ここで，式(2.109)と式(2.110)を，式(2.108)の右辺に代入すれば，次式のようになります．

$$\begin{aligned}&\lim_{n\to\infty}\sum_{i=1}^{n}(W_{j,i}-W_{j,i-1})\cdot(W_{k,i}-W_{k,i-1})\\&=\lim_{n\to\infty}h\cdot\sum_{i=1}^{n}Z_{j,i}\cdot Z_{k,i}\\&=\lim_{n\to\infty}t\cdot\frac{\sum_{i=1}^{n}Z_{j,i}\cdot Z_{k,i}}{n}\quad\left(\because h=\frac{t}{n}\right)\end{aligned} \tag{2.112}$$

上式(2.112)の右辺について，$n\to\infty$ のとき，第2巻の【要素 31】「大数の法則」より，$\frac{\sum_{i=1}^{n}Z_{j,i}\cdot Z_{k,i}}{n}\to E[Z_{j,i}\cdot Z_{k,i}]$ となります．よって，上式(2.112)は，次式のようになります．

$$\begin{aligned}&\lim_{n\to\infty}\sum_{i=1}^{n}(W_{j,i}-W_{j,i-1})\cdot(W_{k,i}-W_{k,i-1})\\&=\lim_{n\to\infty}t\cdot\frac{\sum_{i=1}^{n}Z_{j,i}\cdot Z_{k,i}}{n}=t\cdot E[Z_{j,i}\cdot Z_{k,i}]\\&=t\cdot 0\quad(\because \text{式}(2.111)\text{より})=0\end{aligned} \tag{2.113}$$

この式(2.113)を，式(2.108)の右辺に代入すれば，次式の結論が得られます．

$$\int_0^t(dW_{j,u})\cdot(dW_{k,u})=0\quad(j\neq k) \tag{2.114}$$

□

第3章　ファイナンスにおける平均回帰過程

A. 理論編

第2巻の**第3章**では，離散時点 $t\,(=0, 1, \cdots)$ で観測される資産価格について対数をとった「対数価格」について以下のようにモデリングをしてきました．

第2巻の【要素1】として，2つの離散時点 $t-1$ と t で挟まれた時間間隔を期間 t とよび，期間 t におけるレート・リターン，あるいはその対数線形近似(第1巻の【要素9】，本書の【要素30】)であるログ・リターンが正規分布に従うことをファイナンス理論の出発点としてきました．さらに第2巻の【要素28】によれば，時点 t における資産の対数価格 s_t は，次に再掲する第2巻の式(3.25)の「対数正規モデル(log-normal model)」で与えられます．

$$s_t = s_{t-1} + \mu + \sigma \cdot \varepsilon_t \tag{3.1}$$

第2巻の【要素29】のビジュアルを参照すれば，「対数正規モデルは，将来時点 t における資産の対数価格 s_t の不確実性を，①現時点 $t-1$ における対数価格 s_{t-1} を基準として，②ドリフト μ を加え，③それを中心とした $\mathcal{N}(0, \sigma^2)$ という正規分布を付加することにより表現した，資産価格に関する確率過程モデル」と解釈できます．

本章では，式(3.1)で表現される「対数正規モデル」を拡張したモデルとして，平均回帰過程に分類される「1次の自己回帰過程(first-order autoregressive model)」，略して $AR(1)$ モデルの発想と応用例について議論します．また，$AR(1)$ モデルは離散時間における平均回帰過程の1つですが，それに対応した，連続時間における平均回帰過程としてOU過程も紹介します．

3.1　*AR*(1)モデル — 1次の自己回帰過程の導入

式(3.1)を次のように捉えてみます.

左辺が表す将来時点 t における，資産の対数価格 s_t のベースラインとして，右辺では現時点 $t-1$ における対数価格 s_{t-1} を100% 採用しています．その「100% 採用」は仮定であり，決め打ちかもしれません．少し柔軟性をもって捉えようとすれば，現時点 $t-1$ における対数価格 s_{t-1} の $100\times\phi$ (%)である，$\phi\times s_{t-1}$ をベースラインとしたほうがより一般的な表現となります．そこで，式(3.1)の右辺にある s_{t-1} を $\phi\times s_{t-1}$ と置き換えたモデルを次の【要素31】として考えます.

■　要素31

AR(1)モデル

(1)　定義

「1次の自己回帰モデル(first-order autoregressive model)」とは，離散時点における資産の対数価格 s_t $(t=0, 1, \cdots)$ のダイナミクスを，次式(3.2)によって表現したものです.

$$s_t=\phi\cdot s_{t-1}+\mu+\sigma\cdot\varepsilon_t \tag{3.2}$$

(2)　略記

「*AR*(1)モデル」と略記されます.

(3)　*AR*(1)モデルの構成要素

AR(1)モデルを構成する各要素を以下のようによぶことにします.

① ϕ：「減衰率」を表し，$|\phi|<1$ を仮定します.

② μ：ドリフト

③ σ：ボラティリティ

④ $\{\phi, \mu, \sigma\}$ ：①〜③は *AR*(1)のモデル・パラメータで，いずれも定数

です．

⑤　ε_t：対数価格を駆動する，独立に同一の正規分布に従う確率変数です．つまり，$\varepsilon_t \underset{i.i.d.}{\sim} \mathcal{N}(0, 1)$を仮定します．

(4)　対数正規モデルとの比較

①　$\phi=1$とすれば，式(3.2)の$AR(1)$モデルは，式(3.1)の対数正規モデルに帰着されます．つまり，対数正規モデルは，$AR(1)$モデルの「特別なケース(special case)」といえます．

②　式(3.1)の対数正規モデルの特徴は，将来の資産の対数価格s_tが，現時点の対数価格s_{t-1}の影響を100%受け継ぐことにあります．一方，$AR(1)$では，将来の対数価格s_tが，現時点の対数価格s_{t-1}にϕを掛け合わせることにより，現時点の対数価格s_{t-1}の影響を$100\times\phi$(%)(＜100%)と，少し減じて受け継ぐことに特徴をもちます．

③　分布の比較：式(3.1)の対数正規モデルの場合には，将来時点tの資産の対数価格は次の正規分布に従います．

$$
\begin{aligned}
s_t &= s_{t-1}+\mu+\sigma\cdot\varepsilon_t \\
&= s_{t-1}+\mu+\sigma\cdot\mathcal{N}(0, 1) \quad (\because \text{モデル式(3.1)の仮定}) \\
&= \mathcal{N}(s_{t-1}+\mu, \sigma^2)
\end{aligned}
$$

(∵第2巻の【要素13】「正規分布の括り入れ・括り出しルール1」)

(3.3)

一方，式(3.2)の$AR(1)$モデルの場合には，将来時点tの対数価格は次の正規分布に従います．

$$
\begin{aligned}
s_t &= \phi\cdot s_{t-1}+\mu+\sigma\cdot\varepsilon_t \\
&= \phi\cdot s_{t-1}+\mu+\sigma\cdot\mathcal{N}(0, 1) \quad (\because \text{モデル式(3.2)の仮定}) \\
&= \mathcal{N}(\phi\cdot s_{t-1}+\mu, \sigma^2)
\end{aligned}
$$

(∵第2巻の【要素13】「正規分布の括り入れ・括り出しルール1」)

(3.4)

よって，$AR(1)$モデルの期待対数価格は，対数正規モデルの期待対数価格に比べて，$\phi\,(<1)$倍だけ小さくなります．

(5)　*AR*(*p*)モデル—参考

ファイナンスで頻出する自己回帰過程は，次数が1である$AR(1)$ですが，より高次の自己回帰モデルを考えることもできます．これは，「p次の自己回帰モデル（p-th order autoregressive model）」とよばれ，次式のように表されます．

$$\begin{aligned} s_t &= \phi_1 \cdot s_{t-1} + \phi_2 \cdot s_{t-2} + \cdots + \phi_p \cdot s_{t-p} + \mu + \sigma \cdot \varepsilon_t \\ &= \sum_{k=1}^{p} \phi_k \cdot s_{t-k} + \mu + \sigma \cdot \varepsilon_t \end{aligned} \tag{3.5}$$

このモデルは$AR(p)$と略記され，時点tにおける対数価格s_tが，自分自身の過去のp個の実現値$\{s_{t-1}, \cdots, s_{t-p}\}$に影響を受けることを考慮したモデルになっています．

要素31 ■

3.2　平均回帰過程としての*AR*(1)モデル

式(3.2)で表される$AR(1)$モデルにおいて，このモデルを記述するパラメータ$\{\phi, \mu\}$を次のように置くことを考えます．

$$\phi := 1 - \kappa, \quad \mu := \kappa \cdot \overline{\mu} \tag{3.6}$$

つまり，2つのパラメータ$\{\phi, \mu\}$を，別の新しいパラメータ$\{\kappa, \overline{\mu}\}$で置き換えたわけです．この置換えは，明らかに一意に決まります．この式(3.6)による置換えを，$AR(1)$モデルを表す式(3.2)に代入すると，次の平均回帰過程に関する要素が得られます．

■ 要素 32

平均回帰過程としての$AR(1)$モデル

(1) 定義

「平均回帰過程(mean-reverting process)」とは，離散時点における資産の対数価格s_t $(t=0, 1, \cdots)$のダイナミクスを次式(3.7)によって表現したものです．

$$s_t = \kappa \cdot \overline{\mu} + (1-\kappa) \cdot s_{t-1} + \sigma \cdot \varepsilon_t \tag{3.7}$$

(2) 平均回帰過程の構成要素

平均回帰過程を構成する各要素を以下のようによぶことにします．

① κ：平均回帰のスピードを表すパラメータです．

② $\overline{\mu}$：回帰水準を表すパラメータです．これは，**3.4 節**に述べる「弱定常性(weak stationarity)」を仮定するときの平均を意味し，永続的要素(permanent component)，本質的価値(fundamental value)，均衡価格(equilibrium price)などと解釈されます．

③ σ：対数価格のボラティリティを表すパラメータです．

④ $\{\kappa, \overline{\mu}, \sigma\}$：①～③は平均回帰過程のモデル・パラメータで，いずれも定数です．

⑤ ε_t：対数価格を駆動する，独立に同一の正規分布に従う確率変数です．つまり，$\varepsilon_t \underset{i.i.d.}{\sim} \mathcal{N}(0, 1)$を仮定します．

(3) 注意点

式(3.7)の平均回帰過程は，式(3.2)で表される$AR(1)$モデルのモデル・パラメータを，式(3.6)で置き換えたものにすぎず，$AR(1)$モデルの一表現です．

要素 32 ■

■ 【要素 32】②の注釈

式(3.7)による平均回帰過程が弱定常性をもつ場合，【要素 35】①より$E[s_t] = E[s_{t-1}] =: \mu$が成立します．この式を，両辺に期待値をとった式(3.7)に代入すれば，次の展開が可能となります．

$$E[s_t]=E[\kappa\cdot\bar{\mu}+(1-\kappa)\cdot s_{t-1}+\sigma\cdot\varepsilon_t]$$
$$=\kappa\cdot\bar{\mu}+(1-\kappa)\cdot E[s_{t-1}]+\sigma\cdot E[\varepsilon_t]$$
$$\Leftrightarrow \mu=\kappa\cdot\bar{\mu}+(1-\kappa)\cdot\mu \quad (\because E[s_t]=E[s_{t-1}]=\mu\text{を代入})$$
$$\Leftrightarrow (1-(1-\kappa))\cdot\mu=\kappa\cdot\bar{\mu}\Leftrightarrow\mu=\bar{\mu} \tag{3.8}$$

よって，【要素32】②に述べたように，$\bar{\mu}$ は弱定常性を仮定する場合の平均を表しています．□

さて，ここで問題です．

[問題]　なぜ式(3.7)は，「平均回帰」性のある過程とよばれるのでしょうか．

[答え]　その答えを，以下に述べる具体例を通じて，平均回帰性に関する直観的なビジュアルを考えてみましょう．

式(3.7)について，不確実性をもたないとします．このとき，ボラティリティはゼロ，つまり，$\sigma=0$ となります．そして，$\bar{\mu}=100$ としてみます．このとき，式(3.7)は次のように書けます．

$$s_t=\kappa\cdot 100+(1-\kappa)\cdot s_{t-1} \tag{3.9}$$

これより，将来時点 t の資産の対数価格 s_t は，現時点の対数価格 s_{t-1} と回帰水準 $\bar{\mu}=100$ をκと $1-\kappa$に内分する点になります．2つのケースを想定して，視覚化してみましょう．

（ケース1）　現時点の対数価格 s_{t-1} が回帰水準 $\bar{\mu}$ より高い場合

図3.1 の⓪に示すように，現時点の対数価格を121円，つまり，$s_{t-1}=121$ とします．また，回帰スピードが$\kappa=\frac{1}{3}$ であるとします．式(3.9)より，将来時点 t の対数価格は，**図3.1** の①に示すように，$s_t=\frac{1}{3}\cdot 100+\frac{2}{3}\cdot 121=114$ となります．すなわち，$\kappa=\frac{1}{3}$ は $\bar{\mu}=100$ と，$1-\kappa=\frac{2}{3}$ は $s_{t-1}=121$ と，それぞれタスキ掛けしたものが，将来時点 t の対数価格 s_t となります．

一方，回帰スピードが$\kappa=\frac{2}{3}$ であるとします．このとき，式(3.9)より，将来時点 t の対数価格は，**図3.2** の②に示すように，$s_t=\frac{2}{3}\cdot 100+\frac{1}{3}\cdot 121=$

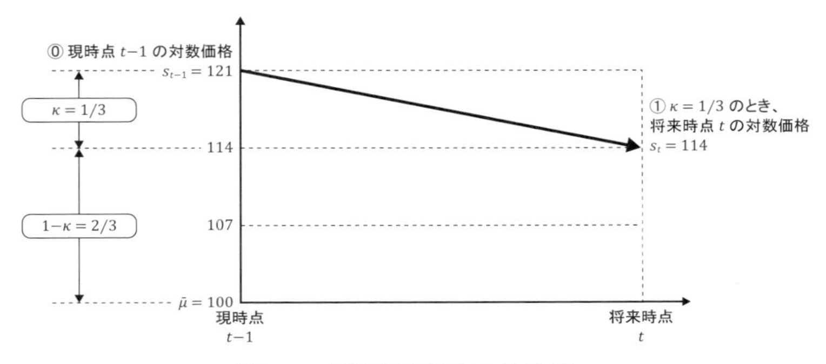

図 3.1　平均回帰過程の具体例 1

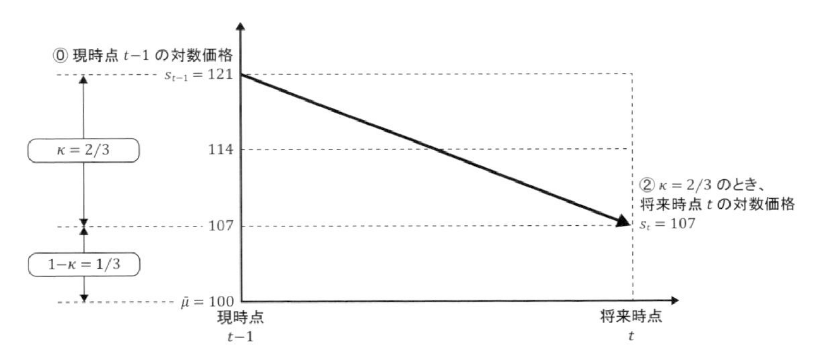

図 3.2　平均回帰過程の具体例 2

107となります．すなわち，先ほどのケースと同様に，$\kappa=\dfrac{2}{3}$ は $\bar{\mu}=100$ と，$1-\kappa=\dfrac{1}{3}$ は $s_{t-1}=121$ と，それぞれタスキ掛けしたものが，将来時点 t の対数価格 s_t となります．

まとめると，この(ケース 1)の場合には，回帰スピードを表すパラメータκ が大きいほど，回帰水準 $\bar{\mu}$ により早く近づくことがわかります．

(ケース 2)　現時点の対数価格 s_{t-1} が回帰水準 $\bar{\mu}$ より低い場合

図 3.3 の⓪に示すように，現時点の対数価格を 79 円，つまり，$s_{t-1}=79$ とします．また，回帰スピードが $\kappa=\dfrac{1}{3}$ であるとします．式(3.9)より，将来時

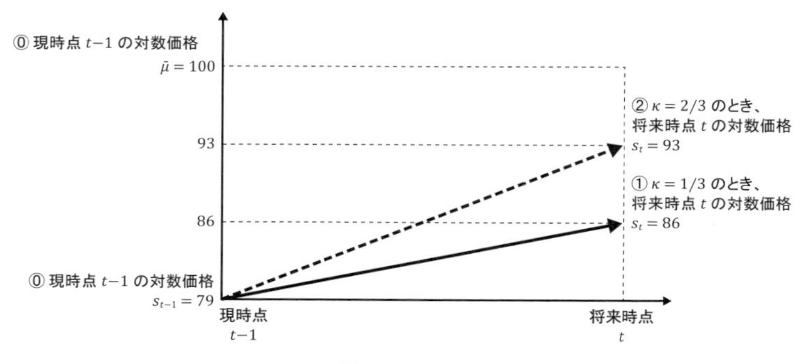

図 3.3　平均回帰過程の具体例 3

点 t の対数価格は，**図 3.3** の①の太い実線で示すように，$s_t=\dfrac{1}{3}\cdot 100+\dfrac{2}{3}\cdot 79=86$ となります．

一方，回帰スピードが $\kappa=\dfrac{2}{3}$ であるとします．式(3.9)より，将来時点 t の対数価格は，**図 3.3** の②の太い破線で示すように，$s_t=\dfrac{2}{3}\cdot 100+\dfrac{1}{3}\cdot 79=93$ となります．

まとめると，この(ケース 2)の場合にも，回帰スピードを表すパラメータ κ が大きいほど，回帰水準 $\bar{\mu}$ により早く近づくことがわかります．

(2 つのケースのまとめ)

以上，2 つのケースでわかったことを要素してまとめましょう．

■ **要素 33**

平均回帰過程の性質

① 式(3.7)の平均回帰過程は，資産の対数価格が，回帰水準 $\bar{\mu}$ へ回帰しようとする性質を表現します．

② 回帰スピードを表すパラメータ κ が大きく，1 に近いほど，対数価格が回帰水準 $\bar{\mu}$ へと回帰するスピードがより速くなります．

要素 33 ■

3.3　ファイナンスへの応用例

本章では冒頭より，資産の対数価格のダイナミクスを例にとって，平均回帰過程について述べてきました．平均回帰過程は，ファイナンスでは実に多様な問題に応用されます．したがって，本書でも，欠くべからず必須の知識として，本章を導入し，そのアイディアや基本的な数理的側面を，「A. 理論編」で解説するとともに，演習問題を章末の「B. 演習編」に掲載しています．

以下に，ファイナンスにおける平均回帰過程の応用例をいくつか紹介します．

3.3.1　企業価値評価モデル

企業価値評価について著した拙著(石島(2008))を参考にしながら，以下の議論を行います．

企業価値の源泉は，企業が将来にわたって生む「フリーキャッシュフロー(free cash flow)」であり，その現在価値の総和が企業価値となります．フリーキャッシュフローを予測するためには，将来の売上高，あるいはその成長率の予測が出発点となります．また，将来のフリーキャッシュフローを現在価値で表現するべく利用される「割引率(discount rate)」は，企業から見れば調達した資金の見返りとしての資本コストですが，投資家から見ればこれは期待リターンとなります．そのベンチマークとして，当期純利益を純資産(株主資本簿価)で割った「ROE(return on equity)」という財務比率が利用されます．

企業価値評価を行う際の必須のドライバーとなる売上高成長率やROEは，Palepu, Bernard and Healy(パレプ，バーナード，ヒーリー(1996))によるコーポレート・ファイナンスの標準的なテキストにおいて，平均回帰モデルに従う，と説明されています．

Schwartz and Moon(シュワルツ，ムーン(2000，2001))では，オプション価格評価理論を応用した，いわゆる「リアル・オプション(real option)」とよばれるアプローチによって，IT企業の価値評価を行うモデルを提案しています．このモデルにおいては，企業価値の源泉は，現時点から適切な将来時点までに蓄えられた留保利益の累積額と設定されています．そして，留保利益を記述する確率過程として，平均回帰性をもつOU過程が利用されています．

3.3.2　株価のモデル

株式会社は，株式だけでなく，銀行借入や社債発行などの負債により，その営業活動を行うための資金を調達しています．したがって，フリーキャッシュフローの現在価値の総和である企業価値は，株主と債権者に帰属します．つまり，その企業価値から債権者に帰属する価値を控除したものが株主資本価値となります．さらに，それを発行済み株式数で割ったものがいわゆる株価となります(石島(2008)の第3章)．要するに，ファイナンス理論では，外生的(exogenously)に与えた将来にわたる配当より，株価は内生的(endogenously)に決定されます．

[問題]　このとき，市場で観測される株価はどのような振る舞いをするのでしょうか．
[答え]　この問題に対する初期の答えを，Samuelson(サミュエルソン(1973))が与えています．つまり，「合理的期待(rational expectations)」や「効率的市場仮説(efficient market hypothesis)」を前提とすれば，「株価はランダム・ウォーク(random walk)する」という答えをSamuelsonは与えています[1)]．

効率的な市場においては，株価に影響を与えうるすべての情報が遍(あまね)く，瞬時に，すべての投資家に行き渡ります．投資家は，株価について，その現時点で利用可能な情報を所与として，その企業が将来にわたって生むフリーキャッシュフローの現在価値の総和に関する「最適な予測(optimal forecast)」を行います．すべての投資家が合理的であるならば，その最適な予測は，市場全体の「合理的期待(rational expectations)」となり，両者は一致するはずです．したがって，株価の最適な予測に無関係な，新たに到着する情報は，株価の合理的期待には影響を与えず，ノイズとして付加されるだけです．その結果，株価

1)　このあたりの議論のわかりやすい教科書としてMishkin (2012)が挙げられます．英語ですが平易で明快ですし，第2章(Part 2)を読むだけで役立ちます．

はランダム・ウォークするのです．そのランダム・ウォークの具体的なモデルとして，第2巻で議論した対数正規モデル【要素28】の式(3.25)，または本書の式(3.1)を挙げることができます．その後，株価に関するファイナンス研究は，実証分析のステージに進み，新たな問題を提起します．

[問題]　株価はランダム・ウォークするのか．その対立モデルはどのようなものが考えられるのか．

[答え]　1980年代半ばに，Shiller (1984)やSummers (1986)が「ファッズ・モデル(fads model)」を，ランダム・ウォーク・モデルの対立モデルとして提案したことを皮切りとして，1990年代の初頭に至るまで，株価の回帰性に関する研究が流行りました．その代表的な研究として，Poterba and Summers (1988)が挙げられます(なお，Shiller (1984)やSummers (1986)の出典については，Poterba and Summers (1988)論文の参考文献リストを参照してください)．彼らによれば，株価は「永続的な要素(permanent component)」と，定常性を満たす「推移要素(transitory component)」より構成され，後者の推移要素が一時的な熱狂，つまりファッズをもたらすと考えました．ファッズは株価の平均回帰性，換言すれば短期的には正の自己相関を，長期的には負の自己相関を表現することが可能です．彼らは，ファッズを本章で解説する$AR(1)$モデルにより実装しました．そのうえで，ランダム・ウォーク・モデルよりもファッズのほうが株価をうまく説明することを，統計的検定の構築，膨大な実証分析，経済学的な根拠という三段構えにより実証しました．その後の株価のモデルに関する研究をサーベイとコンパイルしたものとして，Campbell, Lo and MacKinlay (1996)や，Thaler (2005)を挙げることができます．

3.3.3　金利のモデル

1期間における投資を対象として議論する，平均・分散モデルによるポートフォリオ選択や，CAPMによる資産価格評価においては，リスク・フリー・レートは一定値を仮定してきました(第1巻の【要素28】)．また，多期間を対象として議論するものの，結果的に1期間の議論に帰着される，Black-Scholes公式によるヨーロピアン・コール・オプション価格評価においても一定値，つまり定数を仮定します．

一方，Vasicekモデル(ヴァシチェック・モデル(1977))においては，短期金利(short rate)を確定的な定数ではなく，確率過程としてモデル化しています．具体的には，短期金利をOU過程としてモデル化し，その平均回帰性を表現しています．その拡張であるCIR(シーアイアール)モデル(Cox-Ingersoll-Ross model；コックス・インガソール・ロス・モデル)においても，短期金利に平均回帰性を備えたモデル化を行っています．

3.3.4　コモディティのモデル

「コモディティ(commodity；商品)」とは，小麦・とうもろこし・大豆をはじめとする穀物，コーヒー・ココア・砂糖・豚肉などの農畜産物，金・銀・プラチナなどの貴金属や銅・アルミなど工業用の金属，原油・ガソリンなどの石油製品，電力などのエネルギーなど，消費することにより私たちの生活に便益をもたらす消費資産のことをいいます．その点が株式などの金融資産と決定的に異なりますが，公開された市場において取引され，一定の頻度で取引価格を観測できる点は共通しています．したがって，その「現物価格(spot price)」のモデリングも金融資産価格と似ており，まずは幾何ブラウン運動(対数正規モデル)が利用されます．そのうえで，コモディティ価格は平均回帰性を有することが知られているため，OU過程をはじめとしたモデルが採用されます．コモディティについては，Geman(2005)が参考になります．

3.4　確率過程の定常性— *AR*(1)モデルと対数正規モデルのリスク・リターン・プロファイル

本節では，確率過程の定常性について議論してみます．それは，どのような概念でしょうか．まず，次の【要素34】を通じて，定常性を視覚的に捉えてみます．

■　要素 34

確率過程の定常性のアイディア

離散時間において，無限遠点の過去 $t=-\infty$ から，無限遠点の将来 $t=\infty$ までにわたり，資産の対数価格という以下の確率過程が生成されているとします（**図 3.4** のグレーの実線）．

$$\{s_t : t=-\infty, \cdots, -2, -1, 0, 1, 2, \cdots, T, \cdots, \infty\} \tag{3.10}$$

．その一部が，$t=0$ から $t=T$ まで，以下のデータ（標本）として，市場で観測されているとします（**図 3.4** の黒の実線）．

$$\{s_t : t=0, 1, 2, \cdots, T\} \tag{3.11}$$

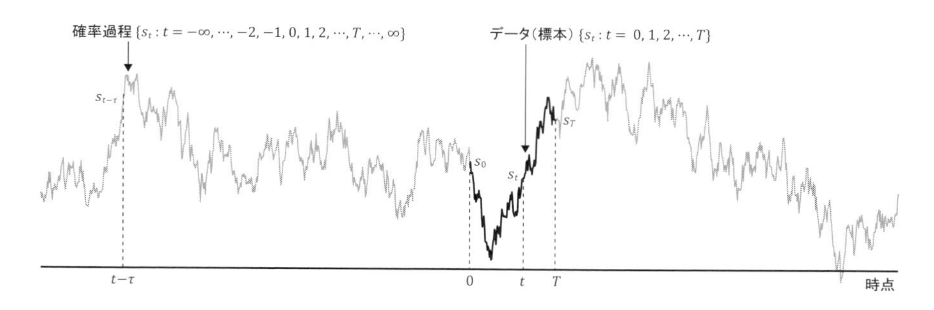

図 3.4　確率過程の定常性のアイディア

つまり，対数価格が市場で観測されているときには，すでに，対数価格が無限遠点の過去から生成されはじめて，かなりの時間が経過しているわけです．

ここで，市場で対数価格を観測している時点 t において，無限遠点の過去 $t-\tau$ にさかのぼります．つまり，過去の時点 $t-\tau$ から，観測している時点 t までの経過時間 τ が無限大 ∞ であるとします．

このとき，過去の時点 $t-\tau$ から，十分な時間 $\tau\to\infty$ が経過した，ある観測時点 t において，期待値・分散・自己共分散といった，対数価格という確率過程の振る舞いを特徴づける性質が，「経過時間 $\tau\to\infty$」や「過去の対数価格 $s_{t-\tau}$」に，どれだけ依存するかに着目して，以下のような分類をします．

① もうすっかり依存していないとき，確率過程は「定常(stationary)」である.

② 未だに依存しているとき，確率過程は「非定常(non-stationary)」である.

要素34 ■

本節では，式(3.2)による$AR(1)$や，式(3.1)による「対数正規モデル」に関して，期待値・分散・自己共分散によって特徴づけられるリスク・リターン・プロファイルを確率過程の定常性という概念を意識しながら計量化します.

3.4.1 *AR*(1)モデルの条件付きリスク・リターン・プロファイル

式(3.2)による$AR(1)$モデルについて，次の再帰的な展開を行います.

$$
\begin{aligned}
s_t &= \phi\cdot s_{t-1}+\mu+\sigma\cdot\varepsilon_t=\phi\cdot(\phi\cdot s_{t-2}+\mu+\sigma\cdot\varepsilon_{t-1})+\mu+\sigma\cdot\varepsilon_t\\
&=\phi^2\cdot s_{t-2}+\mu\cdot(1+\phi)+\sigma\cdot(\varepsilon_t+\phi\cdot\varepsilon_{t-1})\\
&=\phi^2\cdot(\phi\cdot s_{t-3}+\mu+\sigma\cdot\varepsilon_{t-2})+\mu\cdot(1+\phi)+\sigma\cdot(\varepsilon_t+\phi\cdot\varepsilon_{t-1})\\
&=\phi^3\cdot s_{t-3}+\mu\cdot(1+\phi+\phi^2)+\sigma\cdot(\varepsilon_t+\phi\cdot\varepsilon_{t-1}+\phi^2\cdot\varepsilon_{t-2})\\
&\quad\vdots\\
&=\phi^\tau\cdot s_{t-\tau}+\mu\cdot(1+\phi+\phi^2+\cdots+\phi^{\tau-1})\\
&\quad+\sigma\cdot(\varepsilon_t+\phi\cdot\varepsilon_{t-1}+\phi^2\cdot\varepsilon_{t-2}+\cdots+\phi^{\tau-1}\cdot\varepsilon_{t-(\tau-1)})\\
&=\phi^\tau\cdot s_{t-\tau}+\mu\cdot A(\tau)+\sigma\cdot Y_t(\tau) \qquad (3.12)
\end{aligned}
$$

ここで，次のように，$A(\tau)$と$Y_t(\tau)$を置きました.

$$
\begin{aligned}
A(\tau) &:= 1+\phi+\phi^2+\cdots+\phi^{\tau-1}=\phi^0+\phi^1+\phi^2+\cdots+\phi^{\tau-1}\\
&=\frac{1\cdot(1-\phi^\tau)}{1-\phi}
\end{aligned}
$$

(∵初項1，公比ϕ，項数τの等比数列の和の公式)

$$
=\frac{1-\phi^\tau}{1-\phi} \qquad (3.13)
$$

$$
\begin{aligned}
Y_t(\tau) &:= \varepsilon_t + \phi \cdot \varepsilon_{t-1} + \phi^2 \cdot \varepsilon_{t-2} + \cdots + \phi^{\tau-1} \cdot \varepsilon_{t-(\tau-1)} \\
&= \mathcal{N}(0,\ 1) + \phi \cdot \mathcal{N}(0,\ 1) + \phi^2 \cdot \mathcal{N}(0,\ 1) + \cdots + \phi^{\tau-1} \cdot \mathcal{N}(0,\ 1)
\end{aligned}
$$

(∵モデルの仮定より)

$$
= \mathcal{N}(0,\ 1) + \mathcal{N}(0, (\phi)^2) + \mathcal{N}(0, (\phi^2)^2) + \cdots + \mathcal{N}(0, (\phi^{\tau-1})^2)
$$

(∵第 2 巻の【要素 13】「正規分布の括り入れ・括り出しルール 1」)

$$
= \mathcal{N}(0,\ 1 + (\phi)^2 + (\phi^2)^2 + \cdots + (\phi^{\tau-1})^2)
$$

(∵第 2 巻の【要素 16】「正規分布の再生性」)

$$
\begin{aligned}
&= \mathcal{N}(0,\ (\phi^2)^0 + (\phi^2)^1 + (\phi^2)^2 + \cdots + (\phi^2)^{\tau-1}) \\
&= \mathcal{N}\left(0,\ \frac{1 \cdot (1 - (\phi^2)^\tau)}{1 - (\phi^2)}\right)
\end{aligned}
$$

(∵初項 1，公比 ϕ^2，項数τの等比数列の和の公式)

$$
= \mathcal{N}\left(0,\ \frac{1 - \phi^{2 \cdot \tau}}{1 - \phi^2}\right) \tag{3.14}
$$

式(3.13)と式(3.14)を式(3.12)に代入すると，時点 t の対数価格 s_t がどのような分布をもつかを明らかにすることができます.

$$
\begin{aligned}
s_t &= \phi^\tau \cdot s_{t-\tau} + \mu \cdot A(\tau) + \sigma \cdot Y_t(\tau) = \phi^\tau \cdot s_{t-\tau} + \mu \cdot \frac{1-\phi^\tau}{1-\phi} \\
&\quad + \sigma \cdot \mathcal{N}\left(0,\ \frac{1-\phi^{2 \cdot \tau}}{1-\phi^2}\right) \\
&= \phi^\tau \cdot s_{t-\tau} + \mu \cdot \frac{1-\phi^\tau}{1-\phi} + \mathcal{N}\left(\sigma \times 0,\ \sigma^2 \times \frac{1-\phi^{2 \cdot \tau}}{1-\phi^2}\right)
\end{aligned}
$$

(∵第 2 巻の【要素 13】「正規分布の括り入れ・括り出しルール 1」)

$$
= \mathcal{N}\left(\phi^\tau \cdot s_{t-\tau} + \mu \cdot \frac{1-\phi^\tau}{1-\phi},\ \sigma^2 \cdot \frac{1-\phi^{2 \cdot \tau}}{1-\phi^2}\right)
$$

(∵第 2 巻の【要素 13】「正規分布の括り入れ・括り出しルール 1」)

(3.15)

これより，時点 $t-\tau$において実現した対数価格 $s_{t-\tau}$を所与とした場合，時点

t における対数価格の「条件付き期待値」と「条件付き分散」は次のように表すことができます．

$$E[s_t \mid s_{t-\tau}] = \phi^{\tau} \cdot s_{t-\tau} + \mu \cdot \frac{1-\phi^{\tau}}{1-\phi} = \phi^{\tau} \cdot s_{t-\tau} + \mu \cdot A(\tau) \qquad (3.16)$$

$$V[s_t \mid s_{t-\tau}] = \sigma^2 \cdot \frac{1-\phi^{2\cdot\tau}}{1-\phi^2} \qquad (3.17)$$

3.4.2　*AR*(1)モデルの自己共分散

さらに分析を進めます．式(3.2)の $AR(1)$ はその名のとおり，時点 t の資産の対数価格 s_t を，自分自身の過去の実現値 s_{t-1} で説明する，つまり自己回帰するというモデルです．そこで，時点 t における対数価格 s_t と，それより k 時点前の自分自身の実現値 s_{t-k} との相関構造を，第1巻の【要素17】【要素18】の共分散，あるいは相関係数を通じて調べてみます．具体的には，時点 $t-\tau$ における対数価格 $s_{t-\tau}$ を所与とするとき，時点 t の対数価格 s_t と，時点 $t-k$ の対数価格 s_{t-k} との「条件付き共分散」を求めます．ただし，$t-k > t-\tau$ とします．

まず，s_t は $s_{t-\tau}$ を用いて，式(3.15)として表されます．同様に，s_{t-k} は $s_{t-\tau}$ を用いて次式のように表されます．ただし，$t-k > t-\tau$ とします．

$$s_{t-k} = \phi^{\tau-k} \cdot s_{t-\tau} + \mu \cdot A(\tau-k) + \sigma \cdot Y_{t-k}(\tau-k) \qquad (3.18)$$

ただし，ϕ の右肩にある $\tau-k$ は，$t-k$ と $t-\tau$ とのラグ(期間数)を表します．また，次のように，$A(\tau-k)$ と $Y_{t-k}(\tau-k)$ を置きました．

$$A(\tau-k) \coloneqq 1 + \phi + \cdots + \phi^{\tau-k-1} \qquad (3.19)$$

$$Y_{t-k}(\tau-k) \coloneqq \varepsilon_{t-k} + \phi \cdot \varepsilon_{(t-k)-1} + \cdots + \phi^{\tau-k-1} \cdot \varepsilon_{(t-k)-(\tau-k-1)} \qquad (3.20)$$

ここで，式(3.12)による s_t と，式(3.16)による $E[s_t \mid s_{t-\tau}]$ との差をとると，次のようになります．

$$s_t - E[s_t \mid s_{t-\tau}] = \sigma \cdot Y_t(\tau) \qquad (3.21)$$

同様に，式(3.18)による s_{t-k} と，$E[s_{t-k} \mid s_{t-\tau}]$ との差も，次式で与えられます．

$$s_{t-k}-E[s_{t-k}|s_{t-\tau}]=\sigma\cdot Y_{t-k}(\tau-k) \tag{3.22}$$

これより，時点$t-\tau$における対数価格$s_{t-\tau}$を所与とした，時点tの対数価格s_tと，時点$t-k$の対数価格s_{t-k}との「条件付き共分散」は，次のように表すことができます．

$$\begin{aligned}
&Cov(s_t, s_{t-k}|s_{t-\tau})\\
&=E[(s_t-E[s_t|s_{t-\tau}])\cdot(s_{t-k}-E[s_{t-k}|s_{t-\tau}])|s_{t-\tau}]\\
&=E[(\sigma\cdot Y_t(\tau))\cdot(\sigma\cdot Y_{t-k}(\tau-k))]
\end{aligned}$$

（∵式(3.21)と式(3.22)を代入，$s_{t-\tau}$に依存せず）

$$=\sigma^2\cdot E\left[\begin{array}{l}(\varepsilon_t+\phi\cdot\varepsilon_{t-1}+\cdots+\phi^k\cdot\varepsilon_{t-k}+\phi^{k+1}\cdot\varepsilon_{t-k-1}+\cdots+\phi^{\tau-1}\cdot\varepsilon_{t-\tau+1})\\ \times(1\cdot\varepsilon_{t-k}+\phi\cdot\varepsilon_{t-k-1}+\cdots+\phi^{\tau-k-1}\cdot\varepsilon_{t-\tau+1})\end{array}\right]$$

（∵式(3.14)と式(3.20)を代入）

$$=\sigma^2\cdot E[\phi^k\cdot(\varepsilon_{t-k})^2+\phi^{k+2}\cdot(\varepsilon_{t-k-1})^2+\cdots+\phi^{2\cdot\tau-2-k}\cdot(\varepsilon_{t-\tau+1})^2$$
$$+\{\text{時点が異なる交差項}\varepsilon_l\cdot\varepsilon_m\text{を含む項}\}]$$
$$=\sigma^2\cdot(\phi^{k+2\cdot 0}\cdot E[(\varepsilon_{t-k})^2]+\phi^{k+2\cdot 1}\cdot E[(\varepsilon_{t-k-1})^2]+\cdots+\phi^{k+2\cdot(\tau-k-1)}$$
$$\cdot E[(\varepsilon_{t-\tau+1})^2]+E[\{\text{時点が異なる交差項}\varepsilon_l\cdot\varepsilon_m\text{を含む項}\}])$$

（∵第1巻の【要素20】期待値の線形性の公式）　(3.23)

ここで，以下の2点が成立することに注意します．

① 式(3.2)のモデル仮定より，時点が異なる交差項ε_lとε_mは独立であるため，次のようになります．

$$Cov(\varepsilon_l, \varepsilon_m)=E[(\varepsilon_l-E[\varepsilon_l])\cdot(\varepsilon_m-E[\varepsilon_m])]=E[\varepsilon_l\cdot\varepsilon_m]=0$$

よって，次式が成立します．

$$E[\{\text{時点が異なる交差項}\varepsilon_l\cdot\varepsilon_m\text{を含む項}\}]=0$$

② また，次式も成立します．

$$E[(\varepsilon_t)^2]=V[\varepsilon_t]+(E[\varepsilon_t])^2=1+0^2=1$$

この2点より，式(3.23)は次式のように表されます．

$$\begin{aligned}
Cov(s_t, s_{t-k}|s_{t-\tau})&=\sigma^2\cdot(\phi^{k+2\cdot 0}+\phi^{k+2\cdot 1}+\cdots+\phi^{k+2\cdot(\tau-k-1)})\\
&=\sigma^2\cdot\frac{\phi^k\cdot(1-(\phi^2)^{\tau-k})}{1-\phi^2}
\end{aligned} \tag{3.24}$$

3.4.3　確率過程の定常性の定義

さて，【要素 34】として導入した確率過程の定常性について，次の【要素 35】として定義します．

■　要素 35

確率過程の定常性

定常性とは，離散時点における確率過程が以下の２つの条件を満たすことをいいます．

①　時点 t に依らず期待値が同じ値をとる，つまり定数になること．

$$E[s_t] = constant \tag{3.25}$$

②　異なる２つの時点 t と u $(t<u)$ における共分散がその時間差のみに依存すること．

$$Cov(s_t, s_u) = \text{“}(u-t)\text{の関数”} \tag{3.26}$$

要素 35　■

3.4.4　*AR*(1) モデルの定常性と無条件リスク・リターン・プロファイル

式(3.2)による $AR(1)$ が，【要素 35】「確率過程の定常性」を満たすための条件について調べます．

まず，式(3.2)で仮定した，$AR(1)$ のパラメータ ϕ の絶対値が１よりも小さい，ということを確認します．もちろん，パラメータ ϕ の２乗についても，$\phi^2<1$ となります．

$$|\phi|<1, \phi^2<1 \tag{3.27}$$

ここで，時点 $t-\tau$ から時点 t にいたるまで十分な時間が経過している，つまり，$\tau\to\infty$ であるとします．このとき，$AR(1)$ の条件付き期待値，分散，自己共分散がどのように振るまうかを調べます．式(3.16)が表す条件付き期待値について，これを構成する項ϕ^τについて，$\phi^\tau \to 0\,(\tau \to \infty)$となります．式(3.17)が表す条件付き分散についても，これを構成する項$\phi^{2\cdot\tau}$について，$\phi^{2\cdot\tau}=(\phi^2)^\tau \to 0\,(\tau \to \infty)$となります．よって，式(3.16)の条件付き期待値と，式(3.17)の条件付き分散，どちらも，十分な時間が経過して，$\tau \to \infty$であるとき，無限遠点の過去$t-\tau$における対数価格$s_{t-\tau}$には依存しません．つまり，それぞれ，次式の対数価格の「無条件期待値」と「無条件分散」に帰着されます．

$$E[s_t]=0\cdot s_{t-\tau}+\mu\cdot\frac{1-0}{1-\phi}=\frac{\mu}{1-\phi} \tag{3.28}$$

$$V[s_t]=\sigma^2\cdot\frac{1-0}{1-\phi^2}=\frac{\sigma^2}{1-\phi^2} \tag{3.29}$$

この無条件期待値$\dfrac{\mu}{1-\phi}$や，無条件分散$\dfrac{\sigma^2}{1-\phi^2}$は，いずれも定数であり，時点を表す$t$という添え字を含んでおらず，時点$t$に依存していないことがわかります．よって，【要素 35】の「定常性の定義①」を満たします．

同様に，十分な時間が経過して，$\tau \to \infty$であるときの式(3.24)が表す$AR(1)$の条件付き自己共分散を調べます．式(3.24)を構成する項$(\phi^2)^{\tau-k}$について，$(\phi^2)^{\tau-k} \to 0\,(\tau \to \infty)$となります．つまり，十分な時間が経過して，$\tau \to \infty$であるとき，式(3.24)の「条件付き自己共分散」は，次式の「無条件自己共分散」に帰着します．

$$Cov(s_t, s_{t-k})=\sigma^2\cdot\frac{(\phi)^k\cdot(1-0)}{1-\phi^2}=\frac{\sigma^2}{1-\phi^2}\cdot\phi^k \tag{3.30}$$

よって，無条件自己共分散$\dfrac{\sigma^2}{1-\phi^2}\cdot\phi^k$は，時点$t$と時点$t-k$との時間差である「$k$というラグ(lag)」の関数となっており，【要素 35】の「定常性の定義②」を満たします．以上より，$AR(1)$は，式(3.27)という条件の下で，【要素 35】の①と②を満たす定常な確率過程となります．

なお，時点tの対数価格s_tと，それよりk時点前の，時点$t-k$の対数価格s_{t-k}との相関係数を「ラグkの自己相関係数(autocorrelation coefficient at lag k)」といいます．ラグkの自己相関係数は，「「時点tの対数価格s_tと時点

$t-k$ の対数価格 s_{t-k} との共分散」を「時点 t の対数価格 s_t の分散」で割ったもの」」と定義されます.

$$\rho_k := \frac{Cov(s_t, s_{t-k})}{V[s_t]} = \frac{Cov(s_t, s_{t-k})}{Cov(s_t, s_t)} = \frac{\dfrac{\sigma^2}{1-\phi^2} \cdot \phi^k}{\dfrac{\sigma^2}{1-\phi^2}}$$

$$= \phi^k \quad (k=0, \pm 1, \cdots) \tag{3.31}$$

ただし，ラグ $k=0$ の自己相関係数は $\rho_0=\phi^0=1$ となります．自己相関係数は，ラグ k についての関数と捉えることもできるので，例えば「信号処理(signal processing)」など他の文脈においては，「自己相関関数(ACF：auto-correlation function)」とよばれます．自己相関係数の他の呼称として，「系列相関(serial correlation)」ともよばれます.

3.4.5　*AR*(1)モデルのリスク・リターン・プロファイルのまとめ

3.4 節を要素としてまとめます.

■　要素 36

***AR*(1)モデルのリスク・リターン・プロファイルと定常性**

(1)　条件付き期待値，分散，自己共分散

$$E[s_t \mid s_{t-\tau}] = \phi^\tau \cdot s_{t-\tau} + \mu \cdot \frac{1-\phi^\tau}{1-\phi} \tag{3.16}$$

$$V[s_t \mid s_{t-\tau}] = \sigma^2 \cdot \frac{1-\phi^{2\cdot\tau}}{1-\phi^2} \tag{3.17}$$

$$Cov(s_t, s_{t-k} \mid s_{t-\tau}) = \sigma^2 \cdot \frac{\phi^k \cdot (1-(\phi^2)^{\tau-k})}{1-\phi^2} \tag{3.24}$$

(2) 無条件期待値，分散，自己共分散，および自己相関係数

$$E[s_t] = \frac{\mu}{1-\phi} \tag{3.28}$$

$$V[s_t] = \frac{\sigma^2}{1-\phi^2} \tag{3.29}$$

$$Cov(s_t,\ s_{t-k}) = \frac{\sigma^2}{1-\phi^2} \cdot \phi^k \tag{3.30}$$

$$\rho_k := \frac{Cov(s_t,\ s_{t-k})}{V[s_t]} = \phi^k \quad (k=0,\ \pm 1,\ \cdots) \tag{3.31}$$

(3) $AR(1)$モデルの定常性の条件

式(3.27)で表される $|\phi|<1$ という条件を満たすとき，式(3.28)と式(3.30)より，【要素 35】の「定常性の定義①と②」を満たすため，$AR(1)$は「定常な確率過程(stationary stochastic process)」です．

要素 36 ■

3.4.6 対数正規モデルの非定常性

$AR(1)$は，式(3.27)で表される $|\phi|<1$ という条件下で定常性を満たします．一方，対数正規モデルについても，【要素 35】の定常性を満たすかどうかを確認します．式(3.1)の「対数正規モデル」は漸化式であり，次のように，再帰的(recursive)な展開が可能です．

$$\begin{aligned} s_t &= s_{t-1} + \mu + \sigma \cdot \varepsilon_t = (s_{t-2} + \mu + \sigma \cdot \varepsilon_{t-1}) + \mu + \sigma \cdot \varepsilon_t \\ &= s_{t-2} + 2 \cdot \mu + \sigma \cdot (\varepsilon_t + \varepsilon_{t-1}) \\ &= (s_{t-3} + \mu + \sigma \cdot \varepsilon_{t-2}) + 2 \cdot \mu + \sigma \cdot (\varepsilon_t + \varepsilon_{t-1}) \\ &= s_{t-3} + 3 \cdot \mu + \sigma \cdot (\varepsilon_t + \varepsilon_{t-1} + \varepsilon_{t-2}) \\ &\vdots \\ &= s_{t-\tau} + \tau \cdot \mu + \sigma \cdot (\varepsilon_t + \varepsilon_{t-1} + \varepsilon_{t-2} + \cdots + \varepsilon_{t-(\tau-1)}) \end{aligned}$$

$$= s_{t-\tau} + \mu \cdot \tau + \sigma \cdot X_t(\tau) \tag{3.32}$$

ただし，次のように$X_t(\tau)$を置きました．

$$\begin{aligned} X_t(\tau) &:= \varepsilon_t + \varepsilon_{t-1} + \varepsilon_{t-2} + \cdots + \varepsilon_{t-(\tau-1)} \\ &= \underbrace{(\mathcal{N}(0,1) + \mathcal{N}(0,1) + \mathcal{N}(0,1) + \cdots + \mathcal{N}(0,1))}_{\tau\text{個の独立な標準正規分布}} \\ &= \mathcal{N}(0, \tau) \\ &\quad (\because \text{第2巻の【要素16】「正規分布の再生性」}) \end{aligned} \tag{3.33}$$

式(3.33)を式(3.32)に代入すれば，次式が得られます．

$$\begin{aligned} s_t &= s_{t-\tau} + \mu \cdot \tau + \sigma \cdot X_t(\tau) \\ &= s_{t-\tau} + \mu \cdot \tau + \sigma \cdot \mathcal{N}(0, \tau) \\ &= \mathcal{N}(s_{t-\tau} + \mu \cdot \tau, \sigma^2 \cdot \tau) \\ &\quad (\because \text{第2巻の【要素13】「正規分布の括り入れ・括り出しルール1」}) \end{aligned} \tag{3.34}$$

これより，対数正規モデルにおいて，時点$t-\tau$における対数価格$s_{t-\tau}$を所与とした条件付き期待値，および条件付き分散は次のように与えられます．

$$E[s_t | s_{t-\tau}] = s_{t-\tau} + \mu \cdot \tau \tag{3.35}$$

$$V[s_t | s_{t-\tau}] = \sigma^2 \cdot \tau \tag{3.36}$$

導出は読者に任せますが，条件付き自己共分散は次式で与えられます．

$$Cov(s_t, s_{t-k} | s_{t-\tau}) = \sigma^2 \cdot (\tau - k) \tag{3.37}$$

ここで，時点$t-\tau$から時点tにいたるまで十分な時間が経過している，つまり，$\tau \to \infty$であるとき，式(3.35)の条件付き期待値，式(3.36)の条件付き分散，式(3.37)の条件付き共分散もいずれも発散します．よって，式(3.1)の「対数正規モデル」は，【要素35】の定常性を満たしません．これを【要素37】としてまとめます．

■ 要素37

対数正規モデルの非定常性

式(3.1)の「対数正規モデル」は，【要素35】の定常性を満たさず，非定常な確率過程です.

要素 37 ■

3.5　$AR(1)$モデルのメモリーと半減期

式(3.12)の右辺第1項である$\phi^{\tau} \cdot s_{t-\tau}$に表現されているように，$AR(1)$モデルにおいては，「時点$t$の対数価格$s_t$に与える，時点$t-\tau$の対数価格$s_{t-\tau}$の影響は，$100 \times \phi^{\tau}(\%)$になる」ということです.【要素31】より，$|\phi|$は1よりも小さい係数ですから，$100 \times |\phi|^{\tau}(\%)$は，100%よりも小さい値となります．つまり，$AR(1)$モデルにおいて過去の対数価格を忘却することになります．この着眼点より，以下の要素を導入します.

■ 要素 38

$AR(1)$の半減期

(1) **定義**

ある任意の時点tでの対数価格s_tが，時点$t-\tau$での対数価格$s_{t-\tau}$によって与えられる影響が半分，つまり，50%になるまでの経過時間のことを「半減期(half-life)」といいます．これは，次のように求めることができます.

$$|\phi|^{\tau} = \frac{1}{2} \Leftrightarrow \tau \cdot \log|\phi| = \log 1 - \log 2 = -\log 2 \Leftrightarrow \tau = -\frac{\log 2}{\log|\phi|} \tag{3.38}$$

(2) **例**

$\phi = 0.98$のとき，その半減期は，$\tau = -\dfrac{\log 2}{\log|0.98|} \approx 34.3$(カ月)$\approx 2.9$(年)となります．これは米国株価の半減期として，Poterba and Summers(1988)に記されている数値となります.

要素 38 ■

3.6　$AR(1)$モデルと対数正規モデルにおける期末の資産価格の比較

時点$t=0$での対数価格s_0を所与とするとき，$AR(1)$モデルにおける期末$t=T$での資産価格は，式(3.12)で$t=\tau=T$と置いて得られます．

$$s_T=\phi^T\cdot s_0+\mu\cdot A(T)+\sigma\cdot Y_T(T)$$
$$\Leftrightarrow \log S_T=\phi^T\cdot\log S_0+\mu\cdot A(T)+\sigma\cdot Y_T(T)$$
$$\Leftrightarrow \log S_T-\log\left((S_0)^{\phi^T}\right)=\mu\cdot A(T)+\sigma\cdot Y_T(T)$$
$$\Leftrightarrow \log\left(\frac{S_T}{(S_0)^{\phi^T}}\right)=\mu\cdot A(T)+\sigma\cdot Y_T(T)$$
$$\Leftrightarrow S_T=(S_0)^{\phi^T}\cdot e^{\mu\cdot A(T)+\sigma\cdot Y_T(T)}=(S_0)^{\phi^T}\cdot e^{\mu\cdot A(T)+\sigma\cdot\mathcal{N}\left(0,\frac{1-\phi^{2T}}{1-\phi^2}\right)}$$

(∵式(3.14))

$$\Leftrightarrow S_T=(S_0)^{\phi^T}\cdot e^{\mathcal{N}\left(\mu\cdot A(T),\sigma^2\cdot\frac{1-\phi^{2T}}{1-\phi^2}\right)}=(S_0)^{\phi^T}\cdot e^{\mathcal{N}\left(\mu\cdot\frac{1-\phi^T}{1-\phi},\sigma^2\cdot\frac{1-\phi^{2T}}{1-\phi^2}\right)}$$

(∵第2巻の【要素13】「正規分布の括り入れ・括り出しルール1」と式(3.13))　(3.39)

これより，期末の資産価格のロー・モーメント(第2巻の【要素17】)を求めることができます．任意の実数θに関するロー・モーメントは，式(3.39)より，次のようになります．

$$E\left[(S_T)^\theta\right]=\left((S_0)^{\phi^T}\right)^\theta\cdot E\left[e^{\theta\cdot\mathcal{N}\left(\mu\cdot A(T),\sigma^2\cdot\frac{1-\phi^{2T}}{1-\phi^2}\right)}\right]$$
$$=(S_0)^{\theta\cdot\phi^T}\cdot E\left[e^{\mathcal{N}\left(\theta\cdot\mu\cdot A(T),\theta^2\cdot\sigma^2\cdot\frac{1-\phi^{2T}}{1-\phi^2}\right)}\right]$$

(∵第2巻の【要素13】「正規分布の括り入れ・括り出しルール1」)

$$=(S_0)^{\theta\cdot\phi^T}\cdot e^{\theta\cdot\mu\cdot A(T)+\frac{1}{2}\cdot\theta^2\cdot\sigma^2\cdot\frac{1-\phi^{2T}}{1-\phi^2}}$$
$$=(S_0)^{\theta\cdot\phi^T}\cdot e^{\theta\cdot\mu\cdot\frac{1-\phi^T}{1-\phi}+\frac{1}{2}\cdot\theta^2\cdot\sigma^2\cdot\frac{1-\phi^{2T}}{1-\phi^2}}$$

(∵第 2 巻の【要素 19】「正規分布の MGF 公式 1」と式(3.13))　(3.40)

この式において，$\theta=1$や$\theta=2$と置けば，それぞれ 1 次と 2 次のロー・モーメント，つまり期待値と 2 乗の期待値を求めることができます．

$$E[S_T]=(S_0)^{\phi^T}\cdot \mathrm{e}^{\mu\cdot\frac{1-\phi^T}{1-\phi}+\frac{1}{2}\cdot\sigma^2\cdot\frac{1-\phi^{2T}}{1-\phi^2}} \tag{3.41}$$

$$E[(S_T)^2]=(S_0)^{2\cdot\phi^T}\cdot \mathrm{e}^{2\cdot\mu\cdot\frac{1-\phi^T}{1-\phi}+2\cdot\sigma^2\cdot\frac{1-\phi^{2T}}{1-\phi^2}} \tag{3.42}$$

これより，分散は第 1 巻の【要素 20】の「分散の公式」より求めることができます．

$$\begin{aligned} V[S_T] &= E[(S_T)^2]-(E[S_T])^2 \\ &= (S_0)^{2\cdot\phi^T}\cdot \mathrm{e}^{2\cdot\mu\cdot\frac{1-\phi^T}{1-\phi}+2\cdot\sigma^2\cdot\frac{1-\phi^{2T}}{1-\phi^2}} \\ &\quad -(S_0)^{2\cdot\phi^T}\cdot \mathrm{e}^{2\cdot\mu\cdot\frac{1-\phi^T}{1-\phi}+\sigma^2\cdot\frac{1-\phi^{2T}}{1-\phi^2}} \\ &= (S_0)^{2\cdot\phi^T}\cdot \mathrm{e}^{2\cdot\mu\cdot\frac{1-\phi^T}{1-\phi}+\sigma^2\cdot\frac{1-\phi^{2T}}{1-\phi^2}}\cdot\left(\mathrm{e}^{\sigma^2\cdot\frac{1-\phi^{2T}}{1-\phi^2}}-1\right) \end{aligned} \tag{3.43}$$

$AR(1)$モデルにおける期末の資産価格に関する性質を，対数正規モデルにおける期末の資産価格に関する性質(第 2 巻の【要素 28】)と比較して，要素にまとめます．

■ 要素 39

$AR(1)$と対数正規モデルにおける期末の資産価格の比較

(1)　$AR(1)$モデルにおける期末の資産価格のリスク・リターン・プロファイル

$$S_T=(S_0)^{\phi^T}\cdot \mathrm{e}^{\mathcal{N}\left(\mu\cdot\frac{1-\phi^T}{1-\phi},\,\sigma^2\cdot\frac{1-\phi^{2T}}{1-\phi^2}\right)} \tag{3.44}$$

$$E[S_T]=(S_0)^{\phi^T}\cdot \mathrm{e}^{\mu\cdot\frac{1-\phi^T}{1-\phi}-\frac{1}{2}\cdot\sigma^2\cdot\frac{1-\phi^{2T}}{1-\phi^2}} \tag{3.45}$$

$$V[S_T]=(S_0)^{2\cdot\phi^T}\cdot \mathrm{e}^{2\cdot\mu\cdot\frac{1-\phi^T}{1-\phi}+\sigma^2\cdot\frac{1-\phi^{2T}}{1-\phi^2}}\cdot\left(\mathrm{e}^{\sigma^2\cdot\frac{1-\phi^{2T}}{1-\phi^2}}-1\right) \tag{3.46}$$

$$E[(S_T)^\theta]=(S_0)^{\theta\cdot\phi^T}\cdot \mathrm{e}^{\theta\cdot\mu\cdot\frac{1-\phi^T}{1-\phi}+\frac{1}{2}\cdot\theta^2\cdot\sigma^2\cdot\frac{1-\phi^{2T}}{1-\phi^2}}\ (\forall\theta\in\mathbb{R}) \tag{3.47}$$

(2)　対数正規モデルにおける期末の資産価格のリスク・リターン・プロファイル

$$S_T=S_0\cdot \mathrm{e}^{\mathcal{N}(\mu\cdot T,\,\sigma^2\cdot T)} \tag{3.48}$$

$$E[S_T]=S_0\cdot e^{\mu\cdot T+\frac{1}{2}\sigma^2\cdot T} \tag{3.49}$$

$$V[S_T]=(S_0)^2\cdot e^{2\cdot\mu\cdot T+\sigma^2\cdot T}\cdot(e^{\sigma^2\cdot T}-1) \tag{3.50}$$

$$E[(S_T)^\theta]=(S_0)^\theta\cdot e^{\theta\cdot\mu\cdot T+\frac{1}{2}\cdot\theta^2\cdot\sigma^2\cdot T}(\forall\theta\in\mathbb{R}) \tag{3.51}$$

要素 39 ■

3.7 Ornstein-Uhlenbeck 過程―連続時間における $AR(1)$ モデル

離散時点における確率過程である式(3.2)の $AR(1)$ モデル，あるいは，平均回帰過程としての表現である式(3.7)は，連続時間では，どのような確率過程として表現できるのか，直観的に導出してみます．まず，式(3.7)を次のように書き直します．

$$
\begin{aligned}
& s_t=\kappa\cdot\overline{\mu}+(1-\kappa)\cdot s_{t-1}+\sigma\cdot\varepsilon_t \\
& \Leftrightarrow s_t-s_{t-1}=-\kappa\cdot(s_{t-1}-\overline{\mu})+\sigma\cdot\varepsilon_t \\
& \Leftrightarrow s_{t+1}-s_t=-\kappa\cdot(s_t-\overline{\mu})+\sigma\cdot\varepsilon_{t+1} \\
& \quad (\because \text{時点の添え字を 1 だけ進めた}) \\
& \Leftrightarrow s_{t+1}-s_t=-\kappa\cdot(s_t-\overline{\mu})\cdot 1+\sigma\cdot\mathcal{N}(0,1) \\
& \quad (\because \text{【要素 32】の式(3.7)と⑤}) \\
& \Leftrightarrow \Delta s_t=-\kappa\cdot(s_t-\overline{\mu})\cdot\Delta+\sigma\cdot\mathcal{N}(0,\Delta)
\end{aligned} \tag{3.52}
$$

最後の行では，次の置換えをしています．まず，左辺では $\Delta s_t:=s_{t+1}-s_t$ としています．右辺では，離散時点 t と $t+1$ の時間間隔である単位時間“1”を改めて，$(t+1)-t=1=:\Delta$ と定義して，これを“1”と置き換えています．

そのうえで，離散時間での確率変数や時間の増分を表す Δs_t や Δ をそれぞれ，「形式的」に，連続時間での確率変数や時間の増分を表す ds_t や dt に置き換えます．このとき，式(3.52)は次式のように表現できます．

$$
\begin{aligned}
ds_t&=-\kappa\cdot(s_t-\overline{\mu})\cdot dt+\sigma\cdot\mathcal{N}(0,dt) \\
&=\kappa\cdot(\overline{\mu}-s_t)\cdot dt+\sigma\cdot dW_t
\end{aligned} \tag{3.53}
$$

ただし，$dW_t:=\mathcal{N}(0,dt)$ は，【要素 20】の標準ブラウン運動の増分を表します．このような表現をもつ確率微分方程式を次の【要素40】としてまとめます．

■ 要素 40

OU 過程（Ornstein-Uhlenbeck process）

(1) 確率微分方程式の表現

次に再掲する確率微分方程式(3.53)は，連続時間における $AR(1)$ モデル，あるいは平均回帰過程ということができ，「オルンシュタイン・ウーレンベック過程（Ornstein-Uhlenbeck process）」とよばれ，OU 過程などと略記されます．

$$\begin{aligned} ds_t &= -\kappa \cdot (s_t - \bar{\mu}) \cdot dt + \sigma \cdot \mathcal{N}(0, dt) \\ &= \kappa \cdot (\bar{\mu} - s_t) \cdot dt + \sigma \cdot dW_t \end{aligned} \tag{3.53}$$

(2) 確率微分方程式の解

確率微分方程式(3.53)の OU 過程の解，つまり，将来時点 $t+T$ における OU 過程の値 s_{t+T} は，現時点 t における値 s_t を所与として次式で与えられます．

$$s_{t+T} = \mathrm{e}^{-\kappa \cdot T} \cdot s_t + (1 - \mathrm{e}^{-\kappa \cdot T}) \cdot \bar{\mu} + \sqrt{\frac{\sigma^2}{2 \cdot \kappa} \cdot (1 - \mathrm{e}^{-2 \cdot \kappa \cdot T})} \cdot \mathcal{N}(0, 1) \tag{3.54}$$

(3) 離散時点の確率過程としての表現

式(3.54)において，$T =: \Delta t$ と置けば，離散時点の確率過程として表現することができ，Schwartz and Moon（シュワルツ，ムーン(2000，2001)）などにおいて，企業価値の源泉としての留保利益(retained earnings)のダイナミクスを表現するために利用されます．

$$s_{t+\Delta t} = \mathrm{e}^{-\kappa \cdot \Delta t} \cdot s_t + (1 - \mathrm{e}^{-\kappa \cdot \Delta t}) \cdot \bar{\mu} + \sqrt{\frac{\sigma^2}{2 \cdot \kappa} \cdot (1 - \mathrm{e}^{-2 \cdot \kappa \cdot \Delta t})} \cdot \mathcal{N}(0, 1) \tag{3.55}$$

要素 40 ■

[式(3.54)の証明]

将来時点 $t+T$ における OU 過程の値 s_{t+T} が，現時点 t における値 s_t を所与として，式(3.54)で与えられることを，以下の4つのステップで示します．

(ステップ1)　まず，式(3.53)において，次の置換えをします．

$$y_t := \bar{\mu} - s_t \tag{3.56}$$

その瞬間的な増分は，次式で与えられます．

$$\begin{aligned} dy_t &= -ds_t \quad (\because 式(3.56)の両辺の増分より) \\ &= -\kappa \cdot (\bar{\mu} - s_t) \cdot dt - \sigma \cdot dW_t \quad (\because 式(3.53)を代入) \\ &= -\kappa \cdot y_t \cdot dt - \sigma \cdot dW_t \quad (\because 式(3.56)より) \end{aligned} \tag{3.57}$$

(ステップ2)　次の関数を導入します．

$$f(y_t, t) := \mathrm{e}^{k \cdot t} \cdot y_t \tag{3.58}$$

これは，$\dfrac{df(t)}{dt} = -k \cdot f(t) + g(t)$ といった線形の常微分方程式を解くテクニックから類推されます．その瞬間的な増分を，2次までのテイラー展開【要素22】によって評価します．

$$\begin{aligned} df(y_t, t) &= \frac{\partial f}{\partial y_t} \cdot dy_t + \frac{\partial f}{\partial t} \cdot dt \\ &\quad + \frac{1}{2} \cdot \left[\frac{\partial^2 f}{\partial {y_t}^2} \cdot (dy_t)^2 + 2 \cdot \frac{\partial^2 f}{\partial y_t \, \partial t} \cdot (dy_t) \cdot (dt) + \frac{\partial^2 f}{\partial t^2} \cdot (dt)^2 \right] \end{aligned} \tag{3.59}$$

ここで，【要素24】の「伊藤のルール：$(dW_t)^2 = dt$, $(dW_t) \cdot (dt) = (dt)^2 = 0$」を利用して，式(3.59)について，$(dy_t)^2$ や $(dy_t) \cdot (dt)$ を評価します．

$$\begin{aligned} (dy_t)^2 &= [-\{\kappa \cdot y_t \cdot dt + \sigma \cdot dW_t\}]^2 \\ &= \kappa^2 \cdot (y_t)^2 \cdot (dt)^2 + 2 \cdot \kappa \cdot y_t \cdot \sigma \cdot (dW_t) \cdot (dt) + \sigma^2 \cdot (dW_t)^2 \\ &= \sigma^2 \cdot dt \end{aligned} \tag{3.60}$$

$$\begin{aligned} (dy_t) \cdot (dt) &= -(\kappa \cdot y_t \cdot dt + \sigma \cdot dW_t) \cdot (dt) \\ &= -[\kappa \cdot y_t \cdot (dt)^2 + \sigma \cdot (dW_t) \cdot (dt)] = 0 \end{aligned} \tag{3.61}$$

式(3.60)と式(3.61)，および $(dt)^2 = 0$ を，式(3.59)に代入すれば，次のようになります．

$$df(y_t, t) = \frac{\partial f}{\partial y_t} \cdot dy_t + \frac{\partial f}{\partial t} \cdot dt + \frac{1}{2} \cdot \frac{\partial^2 f}{\partial {y_t}^2} \cdot \sigma^2 \cdot dt \tag{3.62}$$

さらに，式(3.58)について，y_t と t に関する各偏微分を求めます．

$$\frac{\partial f}{\partial y_t}=\mathrm{e}^{\kappa\cdot t}\cdot\frac{\partial}{\partial y_t}(y_t)=\mathrm{e}^{\kappa\cdot t}\cdot 1=\mathrm{e}^{\kappa\cdot t} \tag{3.63}$$

$$\begin{aligned}\frac{\partial f}{\partial t}&=y_t\cdot\frac{\partial}{\partial t}(\mathrm{e}^{\kappa\cdot t})=y_t\cdot(\kappa\cdot\mathrm{e}^{\kappa\cdot t})=\kappa\cdot\mathrm{e}^{\kappa\cdot t}\cdot y_t\\&=\kappa\cdot\mathrm{e}^{\kappa\cdot t}\cdot(\overline{\mu}-s_t)\quad(\because\text{式(3.56)を代入})\end{aligned} \tag{3.64}$$

$$\frac{\partial^2 f}{\partial {y_t}^2}=\frac{\partial}{\partial y_t}\left(\frac{\partial f}{\partial y_t}\right)=\frac{\partial}{\partial y_t}(\mathrm{e}^{\kappa\cdot t})=0\quad(\because\text{式(3.63)を代入}) \tag{3.65}$$

式(3.63)，式(3.64)，式(3.65)，および式(3.57)を，式(3.62)に代入すれば，次式が得られます．

$$\begin{aligned}df(y_t,t)&=\mathrm{e}^{\kappa\cdot t}\cdot[-\kappa\cdot(\overline{\mu}-s_t)\cdot dt-\sigma\cdot dW_t]+\kappa\cdot\mathrm{e}^{\kappa\cdot t}\cdot(\overline{\mu}-s_t)\cdot dt+0\\&=-\sigma\cdot\mathrm{e}^{\kappa\cdot t}\cdot dW_t\end{aligned} \tag{3.66}$$

（ステップ3）　式(3.58)として導入した関数 $f(y_t, t)$ に関する微分方程式(3.66)を，現時点 t より将来時点 $t+T$ まで積分します．まず，式(3.66)において，$dW_t=\mathcal{N}(0, dt)$ を代入すれば次式を得ます．

$$\begin{aligned}df(y_t,t)&=-\sigma\cdot\mathrm{e}^{\kappa\cdot t}\cdot\mathcal{N}(0,dt)=\mathcal{N}(-\sigma\cdot\mathrm{e}^{\kappa\cdot t}\times 0,(-\sigma\cdot\mathrm{e}^{\kappa\cdot t})^2\times dt)\\&\qquad(\because\text{第2巻の【要素13】「正規分布の括り入れ・括り出しルール1」})\\&=\mathcal{N}(0,\sigma^2\cdot\mathrm{e}^{2\cdot\kappa\cdot t}\cdot dt)\end{aligned} \tag{3.67}$$

これを，現時点 t から将来時点 $t+T$ まで積分すれば，次のようになります．

$$\int_t^{t+T}df(y_t,t)=\int_t^{t+T}\mathcal{N}(0,\sigma^2\cdot\mathrm{e}^{2\cdot\kappa\cdot t}\cdot dt)$$

$$\Leftrightarrow[f(y_t,t)]_t^{t+T}=\mathcal{N}\left(\int_t^{t+T}0\cdot dt,\int_t^{t+T}\sigma^2\cdot\mathrm{e}^{2\cdot\kappa\cdot t}\cdot dt\right)$$

（∵右辺に【要素25】「確率積分の公式」）

$$\Leftrightarrow f(y_{t+T},t+T)-f(y_t,t)=\mathcal{N}\left(0,\sigma^2\cdot\frac{1}{2\cdot\kappa}[\mathrm{e}^{2\cdot\kappa\cdot t}]_t^{t+T}\right)$$

$$\Leftrightarrow \mathrm{e}^{k\cdot(t+T)}\cdot y_{t+T}-\mathrm{e}^{k\cdot t}\cdot y_t=\mathcal{N}\left(0,\frac{\sigma^2}{2\cdot\kappa}\cdot\mathrm{e}^{2\cdot\kappa\cdot t}\cdot(\mathrm{e}^{2\cdot\kappa\cdot T}-1)\right)$$

（∵左辺に式(3.58)を代入）

$$\Leftrightarrow \mathrm{e}^{k\cdot(t+T)}\cdot y_{t+T}-\mathrm{e}^{k\cdot t}\cdot y_t=\sqrt{\frac{\sigma^2}{2\cdot\kappa}\cdot\mathrm{e}^{2\cdot\kappa\cdot t}\cdot(\mathrm{e}^{2\cdot\kappa\cdot T}-1)}\cdot\mathcal{N}(0,1)$$

（∵右辺に第2巻の【要素13】「正規分布の括り入れ・括り出しルール

1」)

$$\Leftrightarrow e^{\kappa\cdot T}\cdot y_{t+T}-y_t=\sqrt{\frac{\sigma^2}{2\cdot\kappa}\cdot(e^{2\cdot\kappa\cdot T}-1)}\cdot\mathcal{N}(0,1)$$

(∵両辺に $e^{-\kappa\cdot t}$ を掛けた)　(3.68)

(ステップ4)　さらに，式(3.56)を式(3.68)に代入して整理すれば，将来時点 $t+T$ における OU 過程の値が得られます．

$$e^{\kappa\cdot T}\cdot(\overline{\mu}-s_{t+T})-(\overline{\mu}-s_t)=\sqrt{\frac{\sigma^2}{2\cdot\kappa}\cdot(e^{2\cdot\kappa\cdot T}-1)}\cdot\mathcal{N}(0,1)$$

$$\Leftrightarrow(-1)\cdot(\overline{\mu}-s_{t+T})+e^{-\kappa\cdot T}\cdot(\overline{\mu}-s_t)$$

$$=e^{-\kappa\cdot T}\cdot\sqrt{\frac{\sigma^2}{2\cdot\kappa}\cdot(e^{2\cdot\kappa\cdot T}-1)}\cdot(-1)\cdot\mathcal{N}(0,1)$$

(∵両辺に $(-1)\cdot e^{-\kappa\cdot T}$ を掛けた)

$$\Leftrightarrow s_{t+T}+\overline{\mu}\cdot(e^{-\kappa\cdot T}-1)-e^{-\kappa\cdot T}\cdot s_t$$

$$=\sqrt{\frac{\sigma^2}{2\cdot\kappa}\cdot(1-e^{-2\cdot\kappa\cdot T})}\cdot\mathcal{N}(0,(-1)^2)$$

(∵第2巻の【要素13】「正規分布の括り入れ・括り出しルール1」)

$$\Leftrightarrow s_{t+T}=e^{-\kappa\cdot T}\cdot s_t+\overline{\mu}\cdot(1-e^{-\kappa\cdot T})+\sqrt{\frac{\sigma^2}{2\cdot\kappa}\cdot(1-e^{-2\cdot\kappa\cdot T})}\cdot\mathcal{N}(0,1)$$

(3.69)

□

B. 演習編

3.8　ミニ・ケーススタディ（非流動的な不動産投資のリスク分析）

NCREIF（ニークリーフ）(National Council of Real Estate Investment Fiduciaries；米国不動産投資受託者協会)は，投資目的の私募市場における商業不動産のレート・リターンに関するインデックス(NCREIF Property Index Returns；以下，NCREIF インデックス)を四半期ごとに公表しています．

不動産市場の特徴として，株式市場に比べて「流動性が低い(illiquid)」ことが挙げられます．公開されていない私募市場であるため，情報は「非対称(asymmetric)」であり，その拡散も効率的ではなく，また取引には摩擦が存在し得ます．さらに，「鑑定価格(appraisal)」にもとづき作成されています．したがって，NCREIFインデックスには自己相関があると考えられます．この場合，式(3.1)の「対数正規モデル」ではなく，式(3.2)の自己回帰モデルを想定して，次の【要素41】にまとめる「非平滑化」を行ったうえで，標準偏差によってリスクを評価し，その他の要約統計量を求めるほうが適切であると考えられます．

■ 要素41

AR(1)に関する推定と非平滑化

(1) *AR*(1)モデルの推定

AR(1)モデルは，**図3.5**のような構造をもつため，【要素3】の「線形回帰モデル」とみなせます．その被説明変数と説明変数，および線形回帰モデルは，次のとおりです．

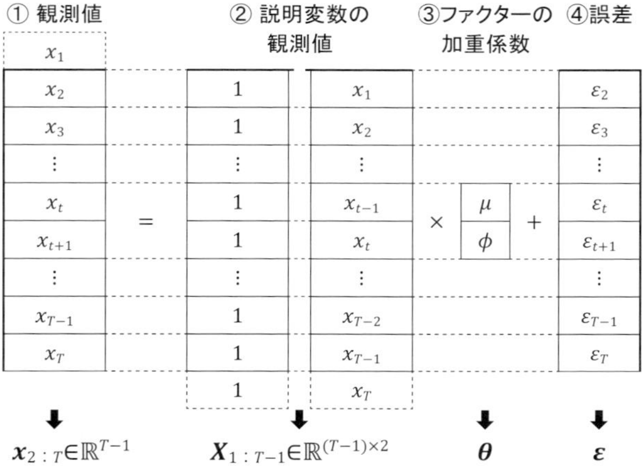

①観測値　②説明変数の観測値　③ファクターの加重係数　④誤差

$$\begin{pmatrix} x_2 \\ x_3 \\ \vdots \\ x_t \\ x_{t+1} \\ \vdots \\ x_{T-1} \\ x_T \end{pmatrix} = \begin{pmatrix} 1 & x_1 \\ 1 & x_2 \\ \vdots & \vdots \\ 1 & x_{t-1} \\ 1 & x_t \\ \vdots & \vdots \\ 1 & x_{T-2} \\ 1 & x_{T-1} \end{pmatrix} \times \begin{pmatrix} \mu \\ \phi \end{pmatrix} + \begin{pmatrix} \varepsilon_2 \\ \varepsilon_3 \\ \vdots \\ \varepsilon_t \\ \varepsilon_{t+1} \\ \vdots \\ \varepsilon_{T-1} \\ \varepsilon_T \end{pmatrix}$$

（①の上に点線で x_1，②の下に点線で 1，x_T）

$\boldsymbol{x}_{2:T} \in \mathbb{R}^{T-1}$　$\boldsymbol{X}_{1:T-1} \in \mathbb{R}^{(T-1)\times 2}$　$\boldsymbol{\theta}$　$\boldsymbol{\varepsilon}$

図3.5　線形回帰モデルとしての *AR*(1)

被説明変数：$\boldsymbol{x}_{2:T} := \begin{pmatrix} x_2 \\ \vdots \\ x_T \end{pmatrix}$　　　　説明変数：$\boldsymbol{X}_{1:T-1} := \begin{pmatrix} 1 & x_1 \\ \vdots & \vdots \\ 1 & x_{T-1} \end{pmatrix}$

線形回帰モデル：$\boldsymbol{x}_{2:T} = \boldsymbol{X}_{1:T-1}\boldsymbol{\theta} + \boldsymbol{\varepsilon}$

よって，説明変数を「１時点だけ過去の(＝ラグを１とした)自分自身のデータ」とするシングル・ファクター・モデル(線形回帰モデル)であり，第１巻の【要素 51】に従い，Excel で推定可能です．

(2)　AR(1)による原時系列データの非平滑化

$AR(1)$の一つの利用法として，原時系列データを非平滑化します．その手順を述べます．$AR(1)$の表現の一つである式(3.7)において，$\kappa =: 1-\varphi$，$1-\kappa = \varphi$と置けば，次式を得ます．

$$
\begin{aligned}
s_t &= (1-\varphi)\cdot\bar{\mu} + \varphi\cdot s_{t-1} + \sigma\cdot\varepsilon_t \\
&\Leftrightarrow (1-\varphi)\cdot\bar{\mu} = s_t - \varphi\cdot s_{t-1} - \sigma\cdot\varepsilon_t \\
&\Leftrightarrow \bar{\mu} = \frac{1}{1-\varphi}\cdot s_t - \frac{\varphi}{1-\varphi}\cdot s_{t-1} - \frac{\sigma}{1-\varphi}\cdot\varepsilon_t \qquad (3.70)
\end{aligned}
$$

ここで，【要素 32】の②より，左辺の $\bar{\mu}$ は，本質的価値を表すと解されます．その $\bar{\mu}$ の時点 t における推定値 s_t^* として，式(3.70)の右辺にて，その第３項を，その期待値である０と置きます．

$$
s_t^* = \frac{1}{1-\varphi}\cdot s_t - \frac{\varphi}{1-\varphi}\cdot s_{t-1} \qquad (3.71)
$$

この s_t^* を，観測値 s_t の「非平滑化(de-smoothing)」とよびます[2)]．

要素 41 ■

2)　MIT の Geltner 教授によって提案された手法です．コロンビア大学ビジネススクールの Ang 教授の講義 Factor Investing Class 8：Illiquidity Risk においても，NCREIF データの非平滑化を行う演習が提供されています．本ミニ・ケースはそれらの文献を参考にしています．Ang 教授の講義資料によれば，非平滑化の意味するところは，$V[s_t^*] = \frac{1+\varphi^2}{1-\varphi^2}\cdot V[s_t]$という関係が成立するため，非平滑化データ(真のデータ)の分散は，素データよりも大きくなるという事実に由来します．

では，NCREIF インデックスに関する，以下の【演習 3】に取り組んでください．

■ 演習 3

流動性が低い資産価格の非平滑化

(1) 原データによる $AR(1)$ の推定

①原 NCREIF データ s_t を，②ラグ付き・原 NCREIF データ s_{t-1} で線形回帰することにより，再掲する次式(3.70)のパラメータφを，［パネル 2］にて推定してください．

$$s_t = (1-\varphi)\cdot\overline{\mu} + \varphi\cdot s_{t-1} + \sigma\cdot\varepsilon_t \tag{3.70}$$

(2) 非平滑化データへの変換

式(3.71)に従って，①原 NCREIF データ s_t（セル B10 からセル B159）を，グレーに色付けされたセル D11 からセル D159 にて，③非平滑化 NCREIF データ s_t^* に変換してください．

(3) 非平滑化データによる $AR(1)$ の推定

③非平滑化 NCREIF データ s_t^* を，④ラグ付き・非平滑化 NCREIF データ s_{t-1}^* で線形回帰することにより，次式のパラメータφ^*を，［パネル 3］にて推定してください．

$$s_t^* = (1-\varphi^*)\cdot\overline{\mu}^* + \varphi^*\cdot s_{t-1}^* + \sigma^*\cdot\varepsilon_t^* \tag{3.72}$$

(4) 原／平滑化データの基本統計量

NCREIF の①原データ s_t と，③非平滑化データ s_t^* のそれぞれについて，年率の平均，標準偏差，およびパラメータφとφ^*を，グレーに色付けされたセル B3 からセル D5 にて求めてください．

(5)　原／非平滑化データの半減期

NCREIFの①原データ s_t については式(3.70)，一方，③非平滑化データ s_t^* については式(3.72)の自己回帰モデルを想定するとき，半減期はそれぞれ，どれくらいの期間となるでしょうか．単位を四半期として，【要素38】にもとづいて求めてください．

【解答例】

図3.6 に示します．NCREIFデータについて，非平滑化を行うことにより，①リスクが大きく推定されること，②半減期が短く推定されること，などがわかります

	A	B	C	D	E
1	[パネル1]				
2	要約統計量	原 インデックス		非平滑化 インデックス	
3	平均 (年率%)	9.05%		9.07%	
4	標準偏差 (年率%)	4.29%		12.28%	
5	パラメータ φ, φ^*	0.78		-0.15	
6					
7	半減期 (四半期)	2.82		0.36	
8					
9	四半期	①原NCREIF	②ラグ付 原NCREIF	③非平滑化 NCREIF	④ラグ付 非平滑化 NCREIF
10	1978-1Q	2.90%			
11	1978-2Q	3.07%	2.90%	3.68%	
12	1978-3Q	3.39%	3.07%	4.54%	3.68%
13	1978-4Q	5.89%	3.39%	14.86%	4.54%
14	1979-1Q	3.81%	5.89%	-3.66%	14.86%
15	1979-2Q	4.32%	3.81%	6.15%	-3.66%
16	1979-3Q	4.75%	4.32%	6.29%	6.15%
17	1979-4Q	6.19%	4.75%	11.36%	6.29%
18	1980-1Q	5.54%	6.19%	3.21%	11.36%
19	1980-2Q	2.36%	5.54%	-9.05%	3.21%
20	1980-3Q	3.79%	2.36%	8.92%	-9.05%
21	1980-4Q	5.32%	3.79%	10.81%	8.92%
22	1981-1Q	2.96%	5.32%	-5.51%	10.81%
23	1981-2Q	4.23%	2.96%	8.79%	-5.51%
158	2015-1Q	3.57%	3.04%	5.47%	4.51%
159	2015-2Q	3.14%	3.57%	1.60%	5.47%
160			3.14%		1.60%

[パネル2] 原NCREIFに関する、②による①線形回帰

回帰統計	
重相関 R	78.2%
重決定 R^2	61.1%
補正 R^2	60.9%
標準誤差	0.01
観測数	149

	係数	標準誤差	t値	P値
切片 $(1-\varphi)\cdot\bar{\mu}$	0.00***	0.002	3.084	0.24%
②ラグ付・原NCREIF φ	0.78***	0.051	15.206	0.00%

[パネル3] 非平滑化NCREIFに関する、④による③線形回帰

回帰統計	
重相関 R	14.7%
重決定 R^2	2.2%
補正 R^2	1.5%
標準誤差	0.06
観測数	148

	係数	標準誤差	t値	P値
切片 $(1-\varphi^*)\cdot\bar{\mu}^*$	0.03***	0.005	4.824	0.00%
②ラグ付・非平滑化NCREIF φ^*	-0.15*	0.082	-1.794	7.49%

図3.6　【演習3】の解答例

演習3　■

第 4 章　最尤推定量と確率測度の変換

「ファイナンス理論の出発点」である，「レート・リターンが正規分布に従う」という仮定(第 2 巻の【要素 1】)にもとづき，これを特徴づける 2 つのパラメータを，市場で観測されたデータより，どのように推定するのかという議論を，**第 1 章**で行いました．そこでは，正規分布で表現される線形回帰モデルと，観測データとの誤差を最小にするという【要素 5】「OLS 推定量」という哲学による議論を行いました．本章では，最も単純な線形回帰モデル(レート・リターンが正規分布に従うという，いわば，切片のみを有する線形回帰モデル)という設定下で，OLS 推定量とはまったく別の哲学より議論される「最尤推定量」について議論します．さらに，最尤推定量を導くために定義される尤度関数を利用して，リスク中立価格評価法(第 1 巻の【要素 64】，第 2 巻の【要素 47】，【要素 51】～【要素 54】，【要素 83】)の数学的背景である，確率測度の変換について議論します．

A.　理論編

4.1　最尤法と正規分布に従うレート・リターンの最尤推定量

第 2 巻の【要素 1】より，ファイナンスでは，資産のレート・リターンは，正規分布に従うサイコロを無作為に振った実現値として観測されていると考えます．具体的には，離散時点 $t=1, 2, \cdots, T$ において，レート・リターンは正規分布に従うサイコロが無作為に振られたときの実現値として，次のように観測されたとします.

$$\mathcal{R}_T = \{R_1, R_2, \cdots, R_t, \cdots, R_T\} \tag{4.1}$$

そのうえで，以下の問題を提起します.

［問題］　市場で観測された単一資産のレート・リターン $R_t(t=1, \cdots, T)$ は，独立で同一な正規分布 $R_t \underset{i.i.d.}{=} \mathcal{N}(\mu, \sigma^2)$ に従うと仮定します.

このとき，市場で観測されたレート・リターンのデータより正規分布を特徴づける2つのパラメータ $\boldsymbol{\theta} := \{\mu, \sigma\}$ をどのように推定すればよいでしょうか.

［答え］　この問題に対する一つの答えとして，【要素5】の「OLS推定量」を与えています．本章では，次の【要素42】として述べる別のアプローチを考えることにします．このアプローチは，5つのステップから構成されます.

■ 要素42

最尤推定量

［問題］に対する一つの1つの答えとして，「最尤(さいゆう)推定量(maximum likelihood estimator (estimate)：MLE)」が挙げられます．MLEは，観測データより，モデルを記述するパラメータ $\boldsymbol{\theta} = \{\mu, \sigma\}$ を，「最(もっと)も尤(もっと)もらしく」決定します．MLEは，以下の5つのステップを通じて導出することができます.

（ステップ1）　独立な T 個の事象が同時に起こる事象の定義

［問題］の場合，T 個の事象が同時に起こる事象は，次のように定義されます.

$$\mathcal{R}_T := \left(\begin{array}{c} \text{時点 1 のレート・リターンの実現値が } R_1 \\ \text{かつ，時点 2 のレート・リターンの実現値が } R_2 \\ \vdots \\ \text{かつ，時点 } t \text{ のレート・リターンの実現値が } R_t \\ \vdots \\ \text{かつ，時点 } T \text{ のレート・リターンの実現値が } R_T \end{array} \right) \tag{4.2}$$

（ステップ2）　各事象が起こる確率・密度関数のモデル化

［問題］では，レート・リターンは独立に同一の正規分布 $R_t \underset{i.i.d.}{=} \mathcal{N}(\mu, \sigma^2)$ に従

うという仮定をしています．その密度関数は，第2巻の【要素6】より次式で表されます．

$$f(R_t) = \frac{1}{\sqrt{2\pi} \cdot \sigma} \mathrm{e}^{-\frac{(R_t-\mu)^2}{2 \cdot \sigma^2}} \quad (t=1, \cdots, T) \tag{4.3}$$

$$(-\infty < R_t < +\infty)$$

（ステップ3）　尤度関数

T 個のレート・リターンの観測値 $\mathcal{R}_T$ が実現する，という事象が起こる「同時確率(joint probability)」を考え，これを $\Pr(\mathcal{R}_T)$ と書きます．

$$\Pr(\mathcal{R}_T)$$

$$:= \begin{pmatrix} \text{時点 1 のレート・リターンの実現値が } R_1 \\ \text{かつ，時点 2 のレート・リターンの実現値が } R_2 \\ \vdots \\ \text{かつ，時点 } t \text{ のレート・リターンの実現値が } R_t \\ \vdots \\ \text{かつ，時点 } T \text{ のレート・リターンの実現値が } R_T \end{pmatrix}$$

$$= \Pr(\text{時点 1 のレート・リターンの実現値が } R_1)$$

$$\times \Pr(\text{時点 2 のレート・リターンの実現値が } R_2) \times \cdots$$

$$\times \Pr(\text{時点 } t \text{ のレート・リターンの実現値が } R_t) \times \cdots$$

$$\times \Pr(\text{時点 } T \text{ のレート・リターンの実現値が } R_T)$$

$$(\because T \text{ 個の事象は独立})$$

$$= f(R_1) \times f(R_2) \times \cdots \times f(R_t) \times \cdots \times f(R_T) \quad (\text{注意}\dagger^{1)})$$

$$= \prod_{t=1}^{T} \frac{1}{\sqrt{2\pi} \cdot \sigma} \mathrm{e}^{-\frac{(R_t-\mu)^2}{2 \cdot \sigma^2}}$$

$$=: \mathcal{L}(\mu, \sigma^2 \mid \mathcal{R}_T) \tag{4.4}$$

ここで，最尤推定量の核となるエッセンスを述べます．

---

1)　厳密にいえば，この議論の出発点は，同時確率ではなく「同時密度関数」について考察すべきです．ここでは，わかりやすさ重視で，このような議論の流れにしています．したがって，式(4.4)の「注意†」で記した箇所には，飛躍があります．その整合性を保つには，出発点を同時密度関数とした議論をすべきです．

① 式(4.4)は，パラメータ$\boldsymbol{\theta}=\{\mu, \sigma^2\}$が既知であることを所与として，$T$個のレート・リターンの観測値$\mathcal{R}_T$が実現する同時確率(あるいは同時密度)を表す関数$\Pr(\mathcal{R}_T)=\Pr(\mathcal{R}_T|\boldsymbol{\theta})$です．つまり，パラメータ$\boldsymbol{\theta}$を所与とし，観測値$\mathcal{R}_T$を「引数(ひきすう)(argument)」とする関数です．ここまでの議論において，[問題]に関し，私たちが直面している状況と問題点をまとめると，以下のようになります．

❶ 私たちは，式(4.1)によるT個のレート・リターンの観測値を知っている．

❷ 私たちは，そのレート・リターンの観測値は，正規分布に従うサイコロから無作為に振られた実現値であるということを知っている．

❸ 上記2つの事実から私たちは，T個のレート・リターンの観測値$\mathcal{R}_T$が実現する同時確率$\Pr(\mathcal{R}_T|\boldsymbol{\theta})$が，式(4.4)の関数で与えられることも知っている．

❹ 私たちがわからないのは，レート・リターンの観測値が従う正規分布のパラメータ$\boldsymbol{\theta}=\{\mu, \sigma^2\}$である．

② そこで，「パラメータ$\boldsymbol{\theta}$を所与とし，観測値$\mathcal{R}_T$を引数とする関数$\Pr(\mathcal{R}_T|\boldsymbol{\theta})$」をあえて，「観測値$\mathcal{R}_T$を所与とし，パラメータ$\boldsymbol{\theta}$を引数とする関数$\mathcal{L}(\boldsymbol{\theta}=\{\mu, \sigma^2\}\,|\,\mathcal{R}_T)$」とみなします．

③ この関数$\mathcal{L}(\boldsymbol{\theta}=\{\mu, \sigma^2\}\,|\,\mathcal{R}_T)$を，「尤度(ゆうど)関数(likelihood function)」とよびます．そして，尤度関数$\mathcal{L}(\boldsymbol{\theta}=\{\mu, \sigma^2\}\,|\,\mathcal{R}_T)$を最大化するパラメータ$\hat{\boldsymbol{\theta}}=\{\hat{\mu}, \widehat{(\sigma^2)}\}$を，「最尤推定量(maximum likelihood estimator)」とよびます．

[問題]の場合，尤度関数$\mathcal{L}(\boldsymbol{\theta}=\{\mu, \sigma^2\}\,|\,\mathcal{R}_T)$は，式(4.4)で表されます．

(ステップ4)　対数尤度関数

尤度関数$\mathcal{L}(\boldsymbol{\theta}=\{\mu, \sigma^2\}\,|\,\mathcal{R}_T)$は，$T$個の密度関数の掛け算の形式をとるため，これをパラメータ$\boldsymbol{\theta}$について直接微分して，尤度関数$\mathcal{L}$を最大化するパラメータを求めることは困難です．そこで，尤度関数$\mathcal{L}$に対数をとった「対数尤度

関数(log-likelihood function) $\ell(\mu, \sigma^2 | \mathcal{R}_T)$」を微分します．対数関数は，その正の定義域において単調増加関数ですから，対数尤度を最大化するパラメータ $\boldsymbol{\theta}$ は，元の尤度関数も最大化します．

［問題］の場合，式(4.4)が表す尤度関数 $\mathcal{L}(\mu, \sigma^2 | \mathcal{R}_T)$ に対数をとることにより，次式(4.5)による対数尤度関数 $\ell(\mu, \sigma^2 | \mathcal{R}_T)$ が得られます．

$$\begin{aligned}\log\mathcal{L}(\mu, \sigma^2 | \mathcal{R}_T) &= \log\left(\prod_{t=1}^{T} \frac{1}{\sqrt{2\pi}\cdot\sigma} e^{-\frac{(R_t-\mu)^2}{2\cdot\sigma^2}}\right) \\ &= \sum_{t=1}^{T} \log\left((2\pi)^{-\frac{1}{2}} \cdot \sigma^{-1} \cdot e^{-\frac{(R_t-\mu)^2}{2\cdot\sigma^2}}\right) \\ &\quad (\because \text{第1巻の【要素6】対数関数の性質}) \\ &= -\frac{1}{2}\sum_{t=1}^{T}\left[\log(2\pi) + \log(\sigma^2) + \frac{(R_t-\mu)^2}{\sigma^2}\right] \\ &=: \ell(\mu, \sigma^2 | \mathcal{R}_T) \end{aligned} \tag{4.5}$$

（ステップ５）　最尤推定量

式(4.5)が表す対数尤度関数 ℓ を最大化するような $\boldsymbol{\theta} = \{\mu, \sigma^2\}$ が，求めるべき最尤推定量となります．これは，第１巻の【要素92】「無制約条件下における，１階の最適性の条件」にもとづき，対数尤度関数 ℓ を μ と σ^2 のそれぞれについて偏微分してゼロと置くことによって得られます．

要素42 ■

［問題］の場合の μ と σ^2 の最尤推定量は，次の【要素43】として与えます．

■　要素43

正規分布に従うレート・リターンの最尤推定量

(1)　１次元正規分布に従う単一資産のレート・リターンの最尤推定量

市場で観測された単一資産のレート・リターンの観測値 $\mathcal{R}_T = \{R_1, \cdots, R_t, \cdots, R_T\}$ が $i.i.d$ な正規分布 $\mathcal{N}(\mu, \sigma^2)$ に従うとき，その最尤推定量は次式で与えられます．

$$\hat{\mu} = \frac{1}{T}\sum_{t=1}^{T} R_t \tag{4.6}$$

$$\widehat{(\sigma^2)} = \frac{1}{T}\sum_{t=1}^{T} (R_t - \hat{\mu})^2 \tag{4.7}$$

(2)　多次元正規分布に従う多資産のレート・リターンの最尤推定量

市場で観測された n 個の資産のレート・リターンの観測値 $\mathcal{R}_T = \{\boldsymbol{R}_1, \cdots, \boldsymbol{R}_t, \cdots, \boldsymbol{R}_T\}$ が $i.i.d$ な n 次元正規分布 $\mathcal{N}_n(\boldsymbol{\mu}, \boldsymbol{\Sigma})$ に従うとき，その最尤推定量は次式で与えられます．

$$\hat{\boldsymbol{\mu}} = \frac{1}{T}\sum_{t=1}^{T} \boldsymbol{R}_t \tag{4.8}$$

$$\hat{\boldsymbol{\Sigma}} = \frac{1}{T} \cdot \sum_{t=1}^{T} (\boldsymbol{R}_t - \hat{\boldsymbol{\mu}})(\boldsymbol{R}_t - \hat{\boldsymbol{\mu}})' \tag{4.9}$$

(3)　導出

式(4.6)と式(4.7)の導出は【演習 4】，式(4.8)と式(4.9)の導出は【演習 5】において行います．

要素 43 ■

【要素 42】として述べた最尤推定量の考え方にもとづいてパラメータを求める方法は，ある一つの考え方，つまり一つの哲学です．このようにある哲学に則って提案するパラメータの決定方法自体を，あるいは，推定の計算方法自体を，「推定量(estimator)」といいます．本章で取り上げる OLS 推定量や最尤推定量とともに，ファイナンスで用いられる推定量をいくつか列挙してみます．

- OLS 推定量(ordinary least squares estimator)：第 1 巻の【要素 49】や，本書の【要素 5】を参考にしてください．
- 最尤推定量(maximum likelihood estimator)：本章で議論します．

- ベイズ推定量(Bayes estimator)：例えば，中妻(2007, 2013)が参考になります．
- GMM 推定量(generalized method of moments estimator)：例えば，乾・室町(2000)が参考になります．

4.2 「2 項モデル」における最尤法

離散時点 $t=1, 2, \cdots, T$ においてコインを投げて，表が出ればブル市場という事象が生起し資産価格が上昇し，裏が出ればベア市場という事象が生起し資産価格が下落するとします．2 つの事象についてそれぞれ，表が出れば 1，裏が出れば 0 をとるという確率変数 Y_t を対応させます．これを**表 4.1** の確率分布表にまとめます．

表 4.1　ベルヌーイ分布

事象	表(ブル市場)	裏(ベア市場)	合計
確率 (P)	p	$1-p$	1
実現値 (Y_t)	1	0	

第 2 巻の 5.1 節で議論したように，確率変数 Y_t は資産価格の 2 項モデルにおいて，無作為な見えざる手によるコイン・フリップを表します．確率変数 Y_t が従う，このような確率分布を「ベルヌーイ分布(Bernoulli distribution)」といい，「表が出る確率 p がパラメータ」となります．このとき，ベルヌーイ分布に従うコイン・フリップの結果を T 回観測するとき，【要素 42】の 5 つのステップに沿って，パラメータ p の最尤推定量を求めます．

(ステップ 1)　独立な T 個の事象が同時に起こる事象の定義

$$\mathcal{Y}_T := \left(\begin{array}{c} \text{時点 1 のコインの実現値が } Y_1 \\ \text{かつ，時点 2 のコインの実現値が } Y_2 \\ \vdots \\ \text{かつ，時点 } t \text{ のコインの実現値が } Y_t \\ \vdots \\ \text{かつ，時点 } T \text{ のコインの実現値が } Y_T \end{array} \right) \tag{4.10}$$

(ステップ 2)　各事象が起こる確率・密度関数のモデル化

各時点 t において観測されるコイン・フリップの結果は，独立で同一のベルヌーイ分布に従うものとモデル化すれば，その確率は次式で与えられます．

$$\Pr(\text{時点 } t \text{ のコインの実現値が } Y_t) = p^{Y_t} \cdot (1-p)^{1-Y_t} \quad (t=1, \cdots, T) \tag{4.11}$$

なぜ式(4.11)が，ベルヌーイ分布に従うコイン・フリップの結果が起こる確率を表現できるのか，次式で確認できます．

$$\begin{aligned} &\Pr(\text{時点 } t \text{ のコインの実現値が } Y_t) \\ &= p^{Y_t} \cdot (1-\mathrm{p})^{1-Y_t} \\ &= \begin{cases} p^1 \cdot (1-p)^{1-1} = p & (\text{表が出る} \rightarrow Y_t = 1) \\ p^0 \cdot (1-p)^{1-0} = 1-p & (\text{裏が出る} \rightarrow Y_t = 0) \end{cases} \end{aligned} \tag{4.12}$$

(ステップ 3)　尤度関数

式(4.10)による T 個の事象の同時確率 $\Pr(\mathcal{Y}_T)$ を，尤度関数 $\mathcal{L}(p \mid \mathcal{Y}_T)$ とみなします．

$$\begin{aligned} &\Pr(\mathcal{Y}_T) \\ &:= \Pr\left(\begin{array}{c} \text{時点 1 のコインの実現値が } Y_1 \\ \vdots \\ \text{かつ，時点 } t \text{ のコインの実現値が } Y_t \\ \vdots \\ \text{かつ，時点 } T \text{ のコインの実現値が } Y_T \end{array} \right) \end{aligned}$$

$$
\begin{aligned}
&= \Pr(\text{時点 1 のコインの実現値が } Y_1) \times \cdots \\
&\quad \times \Pr(\text{時点 } t \text{ のコインの実現値が } Y_t) \times \cdots \\
&\quad \times \Pr(\text{時点 } T \text{ のコインの実現値が } Y_T) \\
&= [p^{Y_1} \cdot (1-p)^{1-Y_1}] \times \cdots \times [p^{Y_t} \cdot (1-p)^{1-Y_t}] \times \cdots \times [p^{Y_T} \cdot (1-p)^{1-Y_T}] \\
&=: \mathcal{L}(p \mid \mathcal{Y}_T) \qquad (4.13)
\end{aligned}
$$

（ステップ 4） 対数尤度関数

式(4.13)の両辺に対数をとり，対数尤度関数を求めます．

$$
\begin{aligned}
\ell(p \mid \mathcal{Y}_T) &= \log \mathcal{L}(p \mid \mathcal{Y}_T) \\
&= \sum_{t=1}^{T} \log[p^{Y_t} \cdot (1-p)^{1-Y_t}] \\
&= \sum_{t=1}^{T} [Y_t \cdot \log p + (1-Y_t) \cdot \log(1-p)] \qquad (4.14)
\end{aligned}
$$

（ステップ 5） 最尤推定量

式(4.14)の対数尤度関数を，パラメータ p について偏微分してゼロとおけば，その最尤推定量 $\hat{p}$ を求めることができます．

$$
\begin{aligned}
\frac{\partial \ell(p \mid \mathcal{Y}_T)}{\partial p} &= \sum_{t=1}^{T} \frac{\partial}{\partial p} [Y_t \cdot \log p + (1-Y_t) \cdot \log\overbrace{(1-p)}^{=:X}] \\
&= \sum_{t=1}^{T} \left[Y_t \cdot \frac{\partial \log p}{\partial p} + (1-Y_t) \cdot \frac{\partial \log X}{\partial \mathrm{X}} \cdot \frac{\partial \overbrace{X}^{=1-p}}{\partial p} \right] \\
&\qquad (\because \text{合成関数の微分}) \\
&= \sum_{t=1}^{T} \left[Y_t \cdot \frac{1}{p} + (1-Y_t) \cdot \frac{1}{\underbrace{X}_{=1-p}} \cdot \frac{\partial(1-p)}{\partial p} \right]
\end{aligned}
$$

$$= \sum_{t=1}^{T} \left[\frac{Y_t}{p} + \frac{1-Y_t}{1-p} \cdot (-1) \right] = 0$$

$$\Leftrightarrow \sum_{t=1}^{T} [(1-p) \cdot Y_t - p \cdot (1-Y_t)] = 0$$

（∵両辺に $p \cdot (1-p)$ を掛けた）

$$\Leftrightarrow \sum_{t=1}^{T} (Y_t - p) = 0 \Leftrightarrow \sum_{t=1}^{T} Y_t = p \cdot T \Leftrightarrow p = \frac{1}{T} \cdot \sum_{t=1}^{T} Y_t =: \hat{p} \qquad (4.15)$$

式(4.15)は，2項モデルのパラメータ p に関する最尤推定量 $\hat{p}$ を表します．

4.3　確率測度の変換とラドン・ニコディム微分

現時点 $t=0$ と将来時点 $t=1$ においてのみ資産が取引される市場を考えます．**図 4.1** のように，資産価格は1期間2項モデルに従い，ブル市場が生起すれば，資産価格は上昇してノード①に至ります．一方，ベア市場が生起すれば，資産価格は下落してノード⓪に至ります．資産価格の不確実性を表現できるシンプ

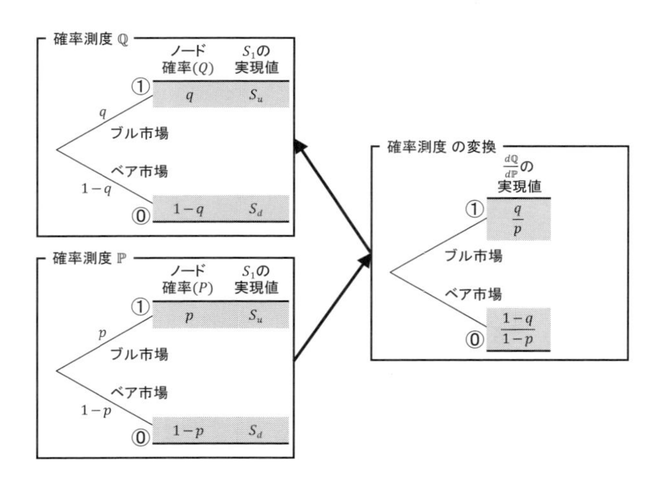

図 4.1　「1期間2項モデル」における確率測度の変換

ルな確率モデルの1つが，この「1期間2項モデル」です．このモデルを特徴づけるのは，ブル市場が生起して，資産価格が上昇する確率を表すpというパラメータです．一方，ベア市場が生起して，資産価格が下落する確率は，パラメータpを利用して，$1-p$と表せます．このような資産価格の上昇確率pや，下落確率$1-p$は，投資家の「主観確率(subjective probability)」です．つまり，投資家がpに，どのような0と1の間の実数を割り当てるかは自由であり，投資家によって割り当てた値が異なり得るパラメータです．

一方，無裁定条件を前提とした，第1巻の【要素64】のリスク中立価格評価法を行う場合，資産価格の上昇確率と下落確率はそれぞれ，qと$1-q$のように設定されます．この確率qは，投資家の主観確率とは無関係に「一意(unique)」に決まり，1期間2項モデルにおける「リスク中立確率(risk-neutral probability)」とよびます．さて，次の問題を提起します．

[問題]　2項モデルについて，オリジナルの確率測度$\mathbb{P}$の下でのパス確率(第2巻の【要素41】)を，リスク中立確率測度$\mathbb{Q}$の下でのパス確率へと変換する仕組み，いわば変換器をどのように導入すればよいでしょうか．

[答え]　その答えは，以下の【要素44】として述べることができます．

■ 要素44

ラドン・ニコディム微分

資産価格の確率過程が，オリジナルの確率測度$\mathbb{P}$の下で，2項モデルや対数正規モデルなどとして表現されており，したがって，資産価格のパス確率が，資産価格の確率過程のパラメータ$\boldsymbol{\theta}$に関する尤度関数$\mathcal{L}(\boldsymbol{\theta})$として既知であるとします．

オリジナルの確率測度$\mathbb{P}$の下でのパス確率に関する尤度関数$\mathcal{L}^{\mathbb{P}}(\boldsymbol{\theta})$と，リスク中立測度$\mathbb{Q}$の下でのパス確率に関する尤度関数$\mathcal{L}^{\mathbb{Q}}(\boldsymbol{\theta})$との比を「尤度比(likelihood ratio)」，あるいは「ラドン・ニコディム微分(Radon-Nikodym derivative)」とよび，次のように定義します．

$$\frac{d\mathbb{Q}}{d\mathbb{P}} := \frac{\mathcal{L}^{Q}(\boldsymbol{\theta})}{\mathcal{L}^{P}(\boldsymbol{\theta})} \tag{4.16}$$

[注意]　本書では 2 項モデルや対数正規モデルにおける，オリジナルの確率測度 $\mathbb{P}$ やリスク中立測度 $\mathbb{Q}$ を例にとって，ラドン・ニコディム微分を議論しています．ラドン・ニコディム微分は，この $\mathbb{P}$ と $\mathbb{Q}$ との間の確率測度の変換だけに限定して定義されるわけでなく，本来，より一般的な確率測度の変換の文脈で定義されるものです．

要素 44 ■

4.3.1 「1 期間 2 項モデル」におけるラドン・ニコディム微分

1 期間 2 項モデルを考えます．**図 4.1**「確率測度 $\mathbb{P}$」のパネルにおいて，確率測度 $\mathbb{P}$ の下で尤度関数は，式(4.13)で $T=1$ と置くことにより求められます．

$$\mathcal{L}(p \mid \mathcal{Y}_1) = p^{Y_1} \cdot (1-p)^{1-Y_1} \tag{4.17}$$

同様に，「確率測度 $\mathbb{Q}$」のパネルにおいて，確率測度 $\mathbb{Q}$ の下で尤度関数は，式(4.13)で $T=1$ としたうえで，$p \to q$ と置き換えることにより求められます．

$$\mathcal{L}(q \mid \mathcal{Y}_1) = q^{Y_1} \cdot (1-q)^{1-Y_1} \tag{4.18}$$

このとき，式(4.17)と式(4.18)との比が，1 期間 2 項モデルにおける，確率測度 $\mathbb{P}$ から，確率測度 $\mathbb{Q}$ へ変換するラドン・ニコディム微分を定義します．

$$\frac{d\mathbb{Q}}{d\mathbb{P}} := \frac{\mathcal{L}(q \mid \mathcal{Y}_1)}{\mathcal{L}(p \mid \mathcal{Y}_1)} = \frac{q^{Y_1} \cdot (1-q)^{1-Y_1}}{p^{Y_1} \cdot (1-p)^{1-Y_1}} = \left(\frac{q}{p}\right)^{Y_1} \cdot \left(\frac{1-q}{1-p}\right)^{1-Y_1} \tag{4.19}$$

注意すべきは，このラドン・ニコディム微分自体，Y_1 を含んだ確率変数です．時点 $t=1$ の各ノードにおけるラドン・ニコディム微分の実現値を求めてみます．

(1)　ノード①

このノード①に至るためには，ブル市場が生起し，$Y_1=1$ が実現する必要があります．このとき，ラドン・ニコディム微分(尤度比)の実現値は，次式のようになります．

$$\frac{d\mathbb{Q}}{d\mathbb{P}} = \left(\frac{q}{p}\right)^{Y_1} \cdot \left(\frac{1-q}{1-p}\right)^{1-Y_1} = \left(\frac{q}{p}\right)^{1} \cdot \left(\frac{1-q}{1-p}\right)^{1-1} = \frac{q}{p} \tag{4.20}$$

これより，❶確率測度 $\mathbb{P}$ 下でノード①が生起する確率 p に，❷式(4.20)によるラドン・ニコディム微分の実現値 $\frac{q}{p}$ を掛け合わせることにより，❸確率測度 $\mathbb{Q}$ 下でノード①が生起する確率 q に一致することがわかります．

(2) ノード⓪

このノード⓪に至るためには，ベア市場が生起し，$Y_1=0$ が実現する必要があります．このとき，ラドン・ニコディム微分(尤度比)の実現値は，次式のようになります．

$$\frac{d\mathbb{Q}}{d\mathbb{P}} = \left(\frac{q}{p}\right)^{Y_1} \cdot \left(\frac{1-q}{1-p}\right)^{1-Y_1} = \left(\frac{q}{p}\right)^{0} \cdot \left(\frac{1-q}{1-p}\right)^{1-0} = \frac{1-q}{1-p} \tag{4.21}$$

これより，❶確率測度 $\mathbb{P}$ 下でノード⓪が生起する確率 $1-p$ に，❷式(4.21)によるラドン・ニコディム微分の実現値 $\frac{1-q}{1-p}$ を掛け合わせることにより，❸確率測度 $\mathbb{Q}$ 下でノード⓪が生起する確率 $1-q$ に一致することがわかります．

4.3.2 リスク中立確率測度とオリジナルの確率測度の下での資産価格評価式の関係

さらに議論を続けましょう．ファイナンスでは，期末における資産の価格，換言すれば「期末におけるキャッシュ・イン・フロー(ペイオフ) X」の期待現在価値に関心があります．つまり，リスク中立確率 $\mathbb{Q}$ における，期末の資産価格やペイオフの期待値 $E^{\mathbb{Q}}[X]$ に関する，リスク・フリー・レートで現時点まで割り引けば，その資産価格を評価したことになります(第1巻の【要素64】)．このとき，期末の資産価格やペイオフに関する，リスク中立確率 $\mathbb{Q}$ で

の期待値 $E^{\mathbb{Q}}[X]$は，主観確率 $\mathbb{P}$ での期待値 $E^{\mathbb{P}}[X]$と，どのような関係をもつのか，という点に興味があるのです．引き続き，**図 4.1** を例にとり，期末の資産価格 $X=S_1$ の期待値について議論します．**表 4.2** に確率分布表をまとめます．

表 4.2 より，主観確率 $\mathbb{P}$ における期末資産価格の期待値 $E^{\mathbb{P}}[S_1]$と，次式で表されるリスク中立確率 $\mathbb{Q}$ における期待値 $E^{\mathbb{Q}}[S_1]$とは，もちろん異なることがわかります．

$$\begin{aligned} E^{\mathbb{P}}[S_1] &= p \cdot S_u + (1-p) \cdot S_d \\ &\neq q \cdot S_u + (1-q) \cdot S_d = E^{\mathbb{Q}}[S_1] \end{aligned} \tag{4.22}$$

したがって，両者を一致させるためには，何か仕掛けが必要となります．試しに，期末の資産価格 $X=S_1$ に，ラドン・ニコディム微分を掛け合わせた $S_1 \cdot \dfrac{d\mathbb{Q}}{d\mathbb{P}}$ について，主観確率 $\mathbb{P}$ における期待値を調べてみます(**表 4.3**)．

表 4.3 を利用して，ラドン・ニコディム微分と期末資産価格の積，つまり $\dfrac{d\mathbb{Q}}{d\mathbb{P}} \cdot S_1$ の主観確率 $\mathbb{P}$ における期待値 $E^{\mathbb{P}}\left[\dfrac{d\mathbb{Q}}{d\mathbb{P}} \cdot S_1\right]$を求めると，**表 4.3** の右下のセルに示すように，次式で表されます．

$$E^{\mathbb{P}}\left[\frac{d\mathbb{Q}}{d\mathbb{P}} \cdot S_1\right] = q \cdot u + (1-q) \cdot d \tag{4.23}$$

式(4.22)の 2 行目にある $E^{\mathbb{Q}}[S_1] = q \cdot S_u + (1-q) \cdot S_d$ と，式(4.23)である

表 4.2　主観確率 $\mathbb{P}$ とリスク中立確率 $\mathbb{Q}$ における期待値の比較

各ノードに至る事象	ノード①	ノード⓪	合計
$\mathbb{P}$ の下での確率 (P)	p	$1-p$	1
資産価格の実現値 (S_1)	S_u	S_d	
確率加重した資産価格 $(P \times S_1)$	$p \cdot S_u$	$(1-p) \cdot S_d$	$p \cdot S_u + (1-p) \cdot S_d =: E^{\mathbb{P}}[S_1]$
$\mathbb{Q}$ の下での確率 (Q)	q	$1-q$	1
資産価格の実現値 (S_1)	S_u	S_d	
確率加重した資産価格 $(Q \times S_1)$	$q \cdot S_u$	$(1-q) \cdot S_d$	$q \cdot S_u + (1-q) \cdot S_d =: E^{\mathbb{Q}}[S_1]$

表 4.3　ラドン・ニコディム微分と期待資産価格の積の期待値

各ノードに至る事象	ノード①	ノード⓪	合計
$\mathbb{P}$ の下での確率 (P)	p	$1-p$	1
資産価格の実現値 (S_1)	S_u	S_d	
ラドン・ニコディム微分の実現値 $\left(\frac{d\mathbb{Q}}{d\mathbb{P}}\right)$	$\frac{q}{p}$	$\frac{1-q}{1-p}$	
ラドン・ニコディム微分と資産価格との積の実現値 $\left(\frac{d\mathbb{Q}}{d\mathbb{P}}\cdot S_1\right)$	$\frac{q}{p}\cdot S_u$	$\frac{1-q}{1-p}\cdot S_d$	
確率加重したラドン・ニコディム微分と資産価格との積の実現値 $\left(P\times\left(\frac{d\mathbb{Q}}{d\mathbb{P}}\cdot S_1\right)\right)$	$p\times\left(\frac{q}{p}\cdot S_u\right)$	$(1-p)\times\left(\frac{1-q}{1-p}\cdot S_d\right)$	$q\cdot S_u+(1-q)\cdot S_d$ $=: E^{\mathbb{P}}\left[\frac{d\mathbb{Q}}{d\mathbb{P}}\cdot S_1\right]$

$E^{\mathbb{P}}\left[\frac{d\mathbb{Q}}{d\mathbb{P}}\cdot S_1\right]=q\cdot u+(1-q)\cdot d$ は一致しているため，次の要素を導くことができます．

■　**要素 45**

リスク中立確率測度とオリジナルの確率測度の下での資産価格評価式の関係

期末の資産価格やペイオフ X について，「リスク中立確率 $\mathbb{Q}$ の下での X の期待値」は，「主観確率 $\mathbb{P}$ の下でのペイオフ X とラドン・ニコディム微分 $d\mathbb{Q}/d\mathbb{P}$ との積の期待値」として評価することが可能です．数式では，次式のように表現できます．

$$E^{\mathbb{Q}}[X]=E^{\mathbb{P}}\left[\frac{d\mathbb{Q}}{d\mathbb{P}}\cdot X\right] \tag{4.24}$$

要素 45　■

この【要素 45】は，「n 期間 2 項モデル」においても同様に成立します．読者の方は，$n=2$ の場合について，【演習 6】で確認してください．

4.4 最尤推定量と確率測度の変換の演習

■ 演習4

1次元正規分布に従う単一資産のレート・リターンの最尤推定量

市場で観測された単一資産に関する T 個のレート・リターン $\{R_1, \cdots, R_t, \cdots, R_T\}$ は，独立で同一な1次元正規分布 $R_t \underset{i.i.d.}{\sim} \mathcal{N}(\mu, \sigma^2)$ に従うと仮定します．このとき，2つのパラメータ $\{\mu, \sigma^2\}$ の最尤推定量 $\{\hat{\mu}, \widehat{(\sigma^2)}\}$ を求めてください．

【解答例】

【要素42】に述べた5つのステップを通じて，最尤推定量 $\{\hat{\mu}, \widehat{(\sigma^2)}\}$ を求めます．すでに，【要素42】において，(ステップ1)から(ステップ4)までのステップは終えていますので，最後の(ステップ5)について述べます．

(ステップ5)　最尤推定量

対数尤度関数を表す式(4.5)において，微分がしやすいように $x := \sigma^2$ と置きます．

$$\ell(\mu, x \mid \mathcal{R}_T) = -\frac{1}{2}\sum_{t=1}^{T}\left[\log(2\pi) + \log(x) + \frac{(R_t - \mu)^2}{x}\right] \tag{4.25}$$

① μの最尤推定量 $\hat{\mu}$

式(4.25)をμについて偏微分してゼロと置けば，その最尤推定量 $\hat{\mu}$ が得られます．

$$\frac{\partial \ell(\mu, x \mid \mathcal{R}_T)}{\partial \mu} = -\frac{1}{2}\sum_{t=1}^{T}\left[\frac{\partial(\log(2\pi) + \log(x))}{\partial \mu} + \frac{1}{x} \cdot \frac{\partial(\overbrace{R_t - \mu}^{=:X})^2}{\partial \mu}\right]$$

$$= -\frac{1}{2}\sum_{t=1}^{T}\left[0 + \frac{1}{x} \cdot \frac{\partial X^2}{\partial X} \cdot \frac{\partial \overbrace{X}^{=R_t - \mu}}{\partial \mu}\right]$$

$$= -\frac{1}{2x}\sum_{t=1}^{T}[2\overbrace{X}^{=R_t-\mu}\cdot(-1)]$$

$$= \frac{1}{x}\sum_{t=1}^{T}(R_t-\mu) = 0$$

$$\Leftrightarrow \sum_{t=1}^{T} R_t = \sum_{t=1}^{T}\mu \Leftrightarrow \mu\cdot T = \sum_{t=1}^{T} R_t \Leftrightarrow \mu = \frac{1}{T}\cdot\sum_{t=1}^{T} R_t =: \hat{\mu} \tag{4.26}$$

これは，【要素 43】の式(4.6)を表します．

② $x=\sigma^2$ の最尤推定量 $\hat{x}=\widehat{(\sigma^2)}$

式(4.26)の $\hat{\mu}$ を，式(4.25)に代入したうえで，$x:=\sigma^2$ について偏微分してゼロと置き，その最尤推定量 $\hat{x}=\widehat{(\sigma^2)}$ を得ます．

$$\frac{\partial\ell(\hat{\mu}, x\,|\,\mathcal{R}_T)}{\partial x} = -\frac{1}{2}\sum_{t=1}^{T}\left[\frac{\partial\log(2\pi)}{\partial x}+\frac{\partial\log(x)}{\partial x}+(R_t-\hat{\mu})^2\cdot\frac{\partial(x^{-1})}{\partial x}\right]$$

$$= -\frac{1}{2}\sum_{t=1}^{T}\left[0+\frac{1}{x}+(R_t-\hat{\mu})^2\cdot(-x^{-2})\right] = 0$$

$$\Leftrightarrow \sum_{t=1}^{T}[x-(R_t-\hat{\mu})^2] = 0 \quad (\because 両辺に-2x^2を掛けた)$$

$$\Leftrightarrow x\cdot T-\sum_{t=1}^{T}(R_t-\hat{\mu})^2 = 0 \Leftrightarrow x = \frac{1}{T}\cdot\sum_{t=1}^{T}(R_t-\hat{\mu})^2 =: \hat{x} = \widehat{(\sigma^2)} \tag{4.27}$$

これは，【要素 43】の式(4.7)を表します．□

演習 4 ■

■ 演習 5

多次元正規分布に従う多資産のレート・リターンの最尤推定量

市場で観測された n 資産に関する T 個のレート・リターン $\{\boldsymbol{R}_1, \cdots, \boldsymbol{R}_t, \cdots, \boldsymbol{R}_T\}$ は，独立で同一な n 次元正規分布 $\boldsymbol{R}_t \underset{i.i.d.}{=} \mathcal{N}_n(\boldsymbol{\mu}, \boldsymbol{\Sigma})$ に従うと仮定します．このとき，2 つのパラメータ $\{\boldsymbol{\mu}, \boldsymbol{\Sigma}\}$ の最尤推定量 $\{\hat{\boldsymbol{\mu}}, \hat{\boldsymbol{\Sigma}}\}$ を求めてください．

【解答例】

【要素42】に述べた5つのステップを通じて最尤推定量 $\{\hat{\boldsymbol{\mu}}, \hat{\boldsymbol{\Sigma}}\}$ を求めます．

（ステップ1）　独立な T 個の事象が同時に起こる事象の定義

$$\mathcal{R}_T := \begin{pmatrix} \text{時点1のレート・リターンの実現値が}\boldsymbol{R}_1 \\ \text{かつ，時点2のレート・リターンの実現値が}\boldsymbol{R}_2 \\ \vdots \\ \text{かつ，時点}t\text{のレート・リターンの実現値が}\boldsymbol{R}_t \\ \vdots \\ \text{かつ，時点}T\text{のレート・リターンの実現値が}\boldsymbol{R}_T \end{pmatrix} \quad (4.28)$$

（ステップ2）　各事象が起こる確率・密度関数のモデル化

n 資産に関する T 個のレート・リターンは，独立に同一の n 次元正規分布 $\boldsymbol{R}_t \underset{i.i.d.}{=} \mathcal{N}(\boldsymbol{\mu}, \boldsymbol{\Sigma})$ に従うと仮定しており，その密度関数は，次式で表されます．

$$f(\boldsymbol{R}_t) = \frac{1}{(2\pi)^{\frac{n}{2}} \cdot |\boldsymbol{\Sigma}|^{\frac{1}{2}}} \cdot \mathrm{e}^{-\frac{1}{2}\cdot(\boldsymbol{R}_t-\boldsymbol{\mu})'\boldsymbol{\Sigma}^{-1}(\boldsymbol{R}_t-\boldsymbol{\mu})} \quad (t=1, \cdots, T) \quad (4.29)$$

ただし，$|\boldsymbol{\Sigma}|$ は分散共分散行列の行列式を表します．

（ステップ3）　尤度関数

n 資産に関する T 個のレート・リターン $\mathcal{R}_T$ が実現する，という事象が起こる同時確率 $\Pr(\mathcal{R}_T)$ を尤度関数 $\mathcal{L}(\boldsymbol{\mu}, \boldsymbol{\Sigma} | \mathcal{R}_T)$ と定義します．

$$\begin{aligned} \Pr(\mathcal{R}_T) &= \prod_{t=1}^{T} \frac{1}{(2\pi)^{\frac{n}{2}} \cdot |\boldsymbol{\Sigma}|^{\frac{1}{2}}} \cdot \mathrm{e}^{-\frac{1}{2}\cdot(\boldsymbol{R}_t-\boldsymbol{\mu})'\boldsymbol{\Sigma}^{-1}(\boldsymbol{R}_t-\boldsymbol{\mu})} \\ &= \left(\frac{1}{(2\pi)^{\frac{n}{2}} \cdot |\boldsymbol{\Sigma}|^{\frac{1}{2}}}\right)^T \cdot \prod_{t=1}^{T} \mathrm{e}^{-\frac{1}{2}\cdot(\boldsymbol{R}_t-\boldsymbol{\mu})'\boldsymbol{\Sigma}^{-1}(\boldsymbol{R}_t-\boldsymbol{\mu})} \\ &= \frac{1}{(2\pi)^{\frac{n\cdot T}{2}} \cdot |\boldsymbol{\Sigma}|^{\frac{T}{2}}} \cdot \mathrm{e}^{-\frac{1}{2}\cdot\sum_{t=1}^{T}(\boldsymbol{R}_t-\boldsymbol{\mu})'\boldsymbol{\Sigma}^{-1}(\boldsymbol{R}_t-\boldsymbol{\mu})} \\ &=: \mathcal{L}(\boldsymbol{\mu}, \boldsymbol{\Sigma} | \mathcal{R}_T) \end{aligned} \quad (4.30)$$

（ステップ 4）　対数尤度関数

式(4.30)の両辺に対数をとったうえで，第 1 巻の【要素 6】の対数関数の性質を利用すれば，次式のようになります．

$$\log\mathcal{L}(\boldsymbol{\mu},\boldsymbol{\Sigma}\mid\mathcal{R}_T)=\log\left(\frac{1}{(2\pi)^{\frac{n\cdot T}{2}}\cdot|\boldsymbol{\Sigma}|^{\frac{T}{2}}}\cdot \mathrm{e}^{-\frac{1}{2}\cdot\sum_{t=1}^{T}(\boldsymbol{R}_t-\boldsymbol{\mu})'\boldsymbol{\Sigma}^{-1}(\boldsymbol{R}_t-\boldsymbol{\mu})}\right)$$

$$=-\frac{1}{2}\left[n\cdot T\cdot\log(2\pi)+T\cdot\log|\boldsymbol{\Sigma}|+\sum_{t=1}^{T}(\boldsymbol{R}_t-\boldsymbol{\mu})'\boldsymbol{\Sigma}^{-1}(\boldsymbol{R}_t-\boldsymbol{\mu})\right]$$

$$=:\ell(\boldsymbol{\mu},\boldsymbol{\Sigma}\mid\mathcal{R}_T) \tag{4.31}$$

式(4.31)は，さらに次式のように展開することが可能です．

$$\ell(\boldsymbol{\mu},\boldsymbol{\Sigma}\mid\mathcal{R}_T)=-\frac{1}{2}\left[n\cdot T\cdot\log(2\pi)+T\cdot\log|\boldsymbol{\Sigma}|+\sum_{t=1}^{T}\mathrm{tr}(\underbrace{(\boldsymbol{R}_t-\boldsymbol{\mu})'}_{=:\mathrm{A}}\underbrace{\boldsymbol{\Sigma}^{-1}(\boldsymbol{R}_t-\boldsymbol{\mu})}_{=:\mathrm{B}}\right]$$

（∵【要素 13】の式(1.99)）

$$=-\frac{1}{2}\left[n\cdot T\cdot\log(2\pi)+T\cdot\log|\boldsymbol{\Sigma}|+\sum_{t=1}^{T}\mathrm{tr}(\underbrace{\boldsymbol{\Sigma}^{-1}(\boldsymbol{R}_t-\boldsymbol{\mu})}_{=\mathrm{B}}\underbrace{(\boldsymbol{R}_t-\boldsymbol{\mu})'}_{=\mathrm{A}}\right]$$

（∵【要素 13】の式(1.100)）

$$=-\frac{1}{2}\left[n\cdot T\cdot\log(2\pi)+T\cdot\log|\boldsymbol{\Sigma}|+\mathrm{tr}\left(\sum_{t=1}^{T}\boldsymbol{\Sigma}^{-1}(\boldsymbol{R}_t-\boldsymbol{\mu})(\boldsymbol{R}_t-\boldsymbol{\mu})'\right)\right]$$

（∵【要素13】の式(1.95)）

$$= -\frac{1}{2}\left[n \cdot T \cdot \log(2\pi) + T \cdot \log|\boldsymbol{\Sigma}| + \mathrm{tr}\left(\boldsymbol{\Sigma}^{-1}\sum_{t=1}^{T}(\boldsymbol{R}_t - \boldsymbol{\mu})(\boldsymbol{R}_t - \boldsymbol{\mu})'\right)\right] \tag{4.32}$$

（ステップ5）　最尤推定量

①　$\boldsymbol{\mu}$の最尤推定量$\hat{\boldsymbol{\mu}}$

式(4.31)を$\boldsymbol{\mu}$について偏微分してゼロ・ベクターと置けば，その最尤推定量$\hat{\boldsymbol{\mu}}$が得られます．

$$\frac{\partial \ell(\boldsymbol{\mu}, \boldsymbol{\Sigma} | \mathcal{R}_T)}{\partial \boldsymbol{\mu}} = -\frac{1}{2}\left[\frac{\partial(n \cdot T \cdot \log(2\pi) + T \cdot \log|\boldsymbol{\Sigma}|)}{\partial \boldsymbol{\mu}} + \sum_{t=1}^{T}\frac{\partial((\boldsymbol{\mu} - \boldsymbol{R}_t)'\boldsymbol{\Sigma}^{-1}(\boldsymbol{\mu} - \boldsymbol{R}_t))}{\partial \boldsymbol{\mu}}\right]$$

$$= -\frac{1}{2}\sum_{t=1}^{T}(2\boldsymbol{\Sigma}^{-1}(\boldsymbol{\mu} - \boldsymbol{R}_t))$$

（∵第1巻の6.9節の式(6.119)）

$$= \boldsymbol{\Sigma}^{-1} \cdot \sum_{t=1}^{T}(\boldsymbol{R}_t - \boldsymbol{\mu}) = \mathbf{0}$$

$$\Leftrightarrow \sum_{t=1}^{T}(\boldsymbol{R}_t - \boldsymbol{\mu}) = \mathbf{0}$$

$$\Leftrightarrow \sum_{t=1}^{T}\boldsymbol{R}_t - T \cdot \boldsymbol{\mu} = \mathbf{0}$$

$$\Leftrightarrow \boldsymbol{\mu} = \frac{1}{T} \cdot \sum_{t=1}^{T}\boldsymbol{R}_t =: \hat{\boldsymbol{\mu}} \tag{4.33}$$

これは，【要素43】の式(4.8)を表します．

②　$\boldsymbol{\Sigma}$の最尤推定量$\hat{\boldsymbol{\Sigma}}$

式(4.32)に$\boldsymbol{\mu} = \hat{\boldsymbol{\mu}}$を代入したうえで，$\boldsymbol{\Sigma}$について偏微分してゼロ行列と

置けば，その最尤推定量$\hat{\boldsymbol{\Sigma}}$が得られます．

$$\frac{\partial \ell(\hat{\boldsymbol{\mu}}, \boldsymbol{\Sigma} \mid \mathcal{R}_T)}{\partial \boldsymbol{\Sigma}} = -\frac{1}{2}\left[\frac{\partial(n \cdot T \cdot \log(2\pi))}{\partial \boldsymbol{\Sigma}} + \frac{\partial(T \cdot \log|\boldsymbol{\Sigma}|)}{\partial \boldsymbol{\Sigma}} + \frac{\partial(\mathrm{tr}(\boldsymbol{\Sigma}^{-1}\overbrace{\textstyle\sum_{t=1}^{T}(\boldsymbol{R}_t-\hat{\boldsymbol{\mu}})(\boldsymbol{R}_t-\hat{\boldsymbol{\mu}})'}^{=:\boldsymbol{A}}))}{\partial \boldsymbol{\Sigma}}\right]$$

$$= -\frac{1}{2}\cdot\left[T\cdot\boldsymbol{\Sigma}^{-1} - \boldsymbol{\Sigma}^{-1}\cdot\overbrace{\left(\sum_{t=1}^{T}(\boldsymbol{R}_t-\hat{\boldsymbol{\mu}})(\boldsymbol{R}_t-\hat{\boldsymbol{\mu}})'\right)}^{=\boldsymbol{A}}\boldsymbol{\Sigma}^{-1}\right] = \mathbf{O}$$

（∵【要素 12】の式(1.92)と式(1.93)）

$$\Leftrightarrow T\cdot\boldsymbol{\Sigma}\cdot\boldsymbol{\Sigma}^{-1}\cdot\boldsymbol{\Sigma} - \boldsymbol{\Sigma}\cdot\boldsymbol{\Sigma}^{-1}\cdot\left(\sum_{t=1}^{T}(\boldsymbol{R}_t-\hat{\boldsymbol{\mu}})(\boldsymbol{R}_t-\hat{\boldsymbol{\mu}})'\right)\cdot\boldsymbol{\Sigma}^{-1}\cdot\boldsymbol{\Sigma} = \mathbf{O}$$

（∵両辺に-2を掛け，さらに両辺の左と右から$\boldsymbol{\Sigma}$を掛けた）

$$\Leftrightarrow T\cdot\boldsymbol{\Sigma} = \sum_{t=1}^{T}(\boldsymbol{R}_t-\hat{\boldsymbol{\mu}})(\boldsymbol{R}_t-\hat{\boldsymbol{\mu}})'$$

$$\Leftrightarrow \boldsymbol{\Sigma} = \frac{1}{T}\cdot\sum_{t=1}^{T}(\boldsymbol{R}_t-\hat{\boldsymbol{\mu}})(\boldsymbol{R}_t-\hat{\boldsymbol{\mu}})' =: \hat{\boldsymbol{\Sigma}} \tag{4.34}$$

これは，【要素 43】の式(4.9)を表します．　□

演習 5 ■

■ 演習 6

「2 期間 2 項モデル」によるリスク中立価格評価と確率測度の変換

【要素 45】に述べた「リスク中立確率測度とオリジナルの確率測度の下での資産価格評価式の関係」を表す式(4.24)が，**図 4.2** に示す「2 期間 2 項モデル」においても成立することを示してください．

【解答例】

表 4.4 を利用して，ラドン・ニコディム微分と期末$t=2$での資産価格との

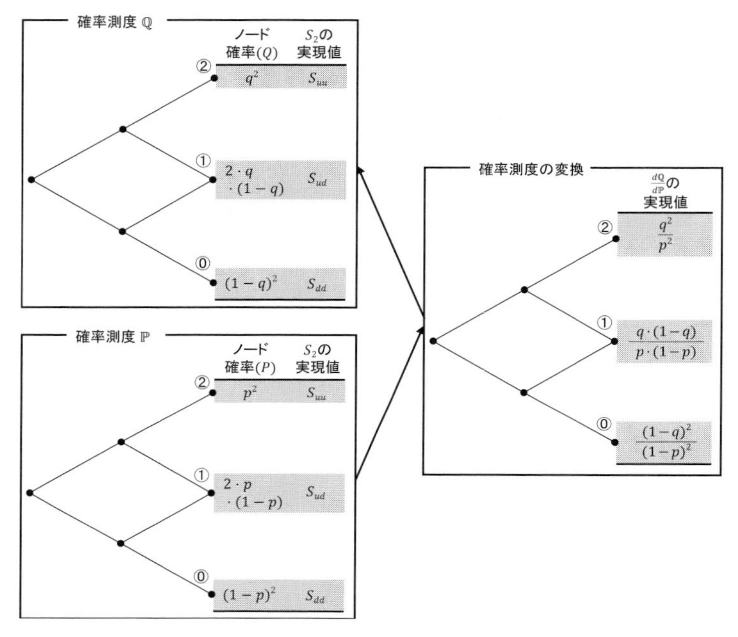

図 4.2　「2 期間 2 項モデル」における確率測度の変換

表 4.4　ラドン・ニコディム微分と期末 $t=2$ での資産価格との積の期待値

	ノード⓪	ノード①	ノード②	合計
$\mathbb{P}$ の下での ノード確率 (P)	$(1-p)^2$	$2 \cdot p \cdot (1-p)$	p^2	1
ラドン・ニコディム微分 $\left(\frac{d\mathbb{Q}}{d\mathbb{P}}\right)$	$\frac{(1-q)^2}{(1-p)^2}$	$\frac{q \cdot (1-q)}{p \cdot (1-p)}$	$\frac{q^2}{p^2}$	
各ノードでの 資産価格 (S_2)	S_{dd}	S_{ud}	S_{uu}	
$P \times \left(\frac{d\mathbb{Q}}{d\mathbb{P}} \cdot S_2\right)$	$(1-p)^2 \times \left(\frac{(1-q)^2}{(1-p)^2} \cdot S_{dd}\right) = (1-q)^2 \cdot S_{dd}$	$2 \cdot p \cdot (1-p) \times \left(\frac{q \cdot (1-q)}{p \cdot (1-p)} \cdot S_{ud}\right) = 2 \cdot q \cdot (1-q) \cdot S_{ud}$	$p^2 \times \left(\frac{q^2}{p^2} \cdot S_{uu}\right) = q^2 \cdot S_{uu}$	$(1-q)^2 \cdot S_{dd} + 2 \cdot q \cdot (1-q) \cdot S_{ud} + q^2 \cdot S_{uu} = E^{\mathbb{P}}\left[\frac{d\mathbb{Q}}{d\mathbb{P}} \cdot S_2\right]$

積，つまり $\frac{d\mathbb{Q}}{d\mathbb{P}} \cdot S_2$ の主観確率 $\mathbb{P}$ における期待値 $E^{\mathbb{P}}\left[\frac{d\mathbb{Q}}{d\mathbb{P}} \cdot S_2\right]$ を求めてみます．これは，**表 4.4** の右下のセルに表されており，次式で表されます．

$$E^{\mathbb{P}}\left[\frac{d\mathbb{Q}}{d\mathbb{P}} \cdot S_2\right] = q^2 \cdot S_{uu} + 2 \cdot q \cdot (1-q) \cdot S_{ud} + (1-q)^2 \cdot S_{dd} \tag{4.35}$$

これは次式で表すリスク中立確率 $\mathbb{Q}$ での期末資産価格の期待値と等しくなります．

$$E^{\mathbb{Q}}[S_2] = q^2 \cdot S_{uu} + 2 \cdot q \cdot (1-q) \cdot S_{ud} + (1-q)^2 \cdot S_{dd} \tag{4.36}$$

□

演習 6 ■

B. 応用編

4.5　連続時間モデルにおける尤度比と確率測度の変換

1つの危険資産と1つの安全資産，および危険資産の上に書かれたヨーロピアン・コール・オプションが取引されている市場を考えます．危険資産の価格を $\{S_t : t \geq 0\}$ と書くとき，連続時間における幾何ブラウン運動(【要素 19】)に従うと仮定します．

$$\frac{dS_t}{S_t} = \mu \cdot dt + \sigma \cdot dW_t \tag{4.37}$$

ただし，dW_t は，【要素 20】の標準ブラウン運動の増分であり，期待値ゼロ，分散が dt の標準正規分布 $dW_t = \mathcal{N}(0, dt)$ に従います．これより，式(4.37)が表す危険資産の瞬間的なレート・リターンは，次式が示す正規分布に従うことがわかります．

$$\frac{dS_t}{S_t} = \mu \cdot dt + \sigma \cdot \mathcal{N}(0, dt) = \mathcal{N}(\mu \cdot dt, \sigma^2 \cdot dt)$$

（∵第2巻の【要素13】「正規分布の括り入れ・括り出しルール1」）　(4.38)

よって，危険資産の瞬間的な期待レート・リターンは，次式で与えられます．

$$E_t\left[\frac{dS_t}{S_t}\right]=\mu\cdot dt \tag{4.39}$$

一方，安全資産の価格を $\{B_t : t\geq 0\}$ と書くとき，その瞬間的なレート・リターンは次の確定的な過程に従うとします．

$$\frac{dB_t}{B_t}=r_f\cdot dt \tag{4.40}$$

その瞬間的な期待レート・リターンは，式(4.40)の右辺が示しています．

$$E_t\left[\frac{dB_t}{B_t}\right]=r_f\cdot dt \tag{4.41}$$

したがって，式(4.39)が示す危険資産の瞬間的な期待レート・リターンと，式(4.41)が示す安全資産の瞬間的な期待レート・リターンは明らかに異なります．つまり，市場において取引される資産価格を表現するオリジナルの確率 $\mathbb{P}$ の下では，両者の瞬間的な期待レート・リターンは異なります．そこで次の問題を考えます．

[問題]　第1巻の【要素64】の「リスク中立価格評価法」では，オプションをはじめとするデリバティブの価格を，すべての資産の期待レート・リターンがリスク・フリー・レートと一致するリスク中立確率（リスク中立世界）の下で，評価します．それでは，連続時間において，危険資産の期待レート・リターンを，リスク・フリー・レートと一致させる手順は，どのようにしたらよいでしょうか．

その答えを次の【要素46】として述べます．

■ 要素 46

連続時間における「形式的な」確率測度の変換

（ステップ 1）　リスク・フリー・レートの括り出し

式(4.37)の右辺において，足してゼロになるように，$r_f \cdot dt - r_f \cdot dt$ を挿入します．

$$\begin{aligned}\frac{dS_t}{S_t} &= (r_f \cdot dt - r_f \cdot dt) + \mu \cdot dt + \sigma \cdot dW_t \\ &= r_f \cdot dt + \sigma \cdot \left(dW_t + \frac{\mu - r_f}{\sigma} \cdot dt\right) \\ &\quad (\because r_f \cdot dt \text{ 以外の項を} \sigma \text{で括った}) \\ &= r_f \cdot dt + \sigma \cdot (dW_t + \lambda \cdot dt) \qquad (4.42)\end{aligned}$$

ただし，次式のように定義されるλは，デリバティブの価格評価の文脈においては，「リスクの市場価格(market price of risk)」とよばれます．

$$\lambda := \frac{\mu - r_f}{\sigma} \qquad (4.43)$$

これは，危険資産やポートフォリオに投資する場合に得られるレート・リターンのパフォーマンスを測る文脈においては，Sharpe レシオ(第 1 巻の【要素 86】)とよばれます．Sharpe レシオの文脈では，1 リスク当たりの，エクセス・リターンを表しており，リスク・リターン・プロファイル(第 1 巻の【要素 25】)を単一の指標に要約する便利な指標です．

（ステップ 2）　新しい標準ブラウン運動への置換え

さらに，式(4.42)について，次の置換えを行います．

$$\frac{dS_t}{S_t} = r_f \cdot dt + \sigma \cdot (dW_t + \lambda \cdot dt) = r_f \cdot dt + \sigma \cdot d\tilde{W}_t \qquad (4.44)$$

ただし，「$d\tilde{W}_t$ はオリジナルの確率 $\mathbb{P}$ ではなく，「【要素 47】の Cameron-Martin-Maruyama-Girsanov の定理より」，リスク中立確率 $\mathbb{Q}$ の下での標準ブラウン運動である」と宣言します．

(ステップ3)　確率過程がリスク中立化されたことの確認

式(4.44)について，第2巻の【要素13】「正規分布の括り入れ・括り出しルール1」を適用すれば，次式のようになります．

$$\frac{dS_t}{S_t}=r_f\cdot dt+\sigma\cdot d\tilde{W}_t=r_f\cdot dt+\sigma\cdot \mathcal{N}^{\mathbb{Q}}(0,dt)=\mathcal{N}^{\mathbb{Q}}(r_f\cdot dt,\sigma^2\cdot dt) \tag{4.45}$$

よって，$E_t^{\mathbb{Q}}\left[\frac{dS_t}{S_t}\right]=r_f\cdot dt$ となり，リスク中立確率 $\mathbb{Q}$ の下で，危険資産の瞬間的な期待レート・リターンはリスク・フリー・レートと一致します．

要素46 ■

ここで，次の問題として挙げる疑問が残ります．

[問題]　オプションをはじめとするデリバティブの価格は，すべての資産の期待収益率がリスク・フリー・レートとなる「リスク中立確率 $\mathbb{Q}$(risk-neutral probability measure $\mathbb{Q}$)」の下で評価します．このリスク中立確率 $\mathbb{Q}$ は，第1巻の【要素64】の1期間2項モデルで直観的に議論したように，「無裁定条件」から導かれるものです．それでは，連続時間モデルにおいて，オリジナルの確率 $\mathbb{P}$ から，どのような変換をすれば，リスク中立確率 $\mathbb{Q}$ が導かれるでしょうか．より具体的には，以下の3つの条件を満たすように，確率測度 $\mathbb{P}$ から確率測度 $\mathbb{Q}$ への「変換 $\frac{d\mathbb{Q}}{d\mathbb{P}}$」をどのように定めればよいでしょうか．

(条件1)　W_t は，オリジナルの確率 $\mathbb{P}$ の下での標準ブラウン運動．

(条件2)　$\tilde{W}_t$ は，確率測度 $\mathbb{P}$ とは異なる確率測度 $\mathbb{Q}$ の下での標準ブラウン運動．

(条件3)　かつ，$d\tilde{W}_t=dW_t+\gamma_t\cdot dt$ の関係をもつ．

[直観的な答え]

時点 $t=0$ から $t=T$ までの時間軸 $[0,T]$ における標準ブラウン運動を $\{W_t:0\leq t\leq T\}$ と書きます．時間軸 $[0,T]$ を n 分割し，離散時点 $\{0=t_0,\cdots,t_{i-1},t_i,\cdots,t_n=T\}$ を設定します．ただし，離散時点 t_{i-1} と t_i で挟まれた期間を $\Delta t_i:=t_i-t_{i-1}$ と書きます．以下に，条件1から条件3を利用して導出されることを明らかにしていきます．

(1)　条件 1 から導出されること

期間Δt_iにおける標準ブラウン運動の増分を，$\Delta x_i := W_{t_i} - W_{t_{i-1}}$と表します．この標準ブラウン運動の増分$\Delta x_i$は，【要素 20】より，オリジナルの確率$\mathbb{P}$の下で，期待値ゼロ，分散が$\Delta t_i$の正規分布$\mathcal{N}(0, \Delta t_i)$に従います．このとき，【要素 42】に従い，確率$\mathbb{P}$の下で，標準ブラウン運動の増分に関する尤度関数を求めます．

（ステップ 1）

n個のΔx_iが同時に起こる事象を，$\mathcal{X}_n := \{\Delta x_1, \cdots, \Delta x_i, \cdots, \Delta x_n\}$と定義します．

（ステップ 2）

各事象が起こる密度関数を次式でモデル化します．

$$f_i^{\mathbb{P}}(\Delta x_i) = \frac{1}{\sqrt{2\pi \cdot \Delta t_i}} \mathrm{e}^{-\frac{(\Delta x_i)^2}{2 \cdot \Delta t_i}} \quad (i = 1, \cdots, n) \tag{4.46}$$

（ステップ 3）

尤度関数を，$\mathcal{X}_n$が実現する同時確率として与えます．【要素 20】より，標準ブラウン運動の増分Δx_iは独立です．したがって，$\mathcal{X}_n$の同時確率（密度関数）は，それぞれの密度関数$\{f_1^{\mathbb{P}}(\Delta x_1), \cdots, f_i^{\mathbb{P}}(\Delta x_i), \cdots, f_n^{\mathbb{P}}(\Delta x_n)\}$の積となります．これを尤度関数として与えます．

$$\begin{aligned} \mathcal{L}^{\mathbb{P}}(\Delta x_1, \cdots, \Delta x_n) &:= f_1^{\mathbb{P}}(\Delta x_1) \times \cdots \times f_i^{\mathbb{P}}(\Delta x_i) \times \cdots \times f_n^{\mathbb{P}}(\Delta x_n) \\ &= \prod_{i=1}^{n} \frac{1}{\sqrt{2\pi \cdot \Delta t_i}} \mathrm{e}^{-\frac{(\Delta x_i)^2}{2 \cdot \Delta t_i}} \end{aligned} \tag{4.47}$$

(2)　条件 2 から導出されること

一方，期間Δt_iにおいて，確率$\mathbb{Q}$の下での標準ブラウン運動の増分を，$\Delta y_i := \tilde{W}_{t_i} - \tilde{W}_{t_{i-1}}$と書けば，これも期待値ゼロ，分散が$\Delta t_i$の正規分布$\mathcal{N}^{\mathbb{Q}}(0, \Delta t_i)$に従います．このとき，先ほどと同様，【要素 42】に従い，確率$\mathbb{Q}$の下で，標準ブラウン運動の増分に関する尤度関数を求めます．

（ステップ 1）

n個のΔy_iが同時に起こる事象を，$\mathcal{Y}_n := \{\Delta y_1, \cdots, \Delta y_i, \cdots, \Delta y_n\}$と定義します．

（ステップ2）

各事象が起こる密度関数を次式でモデル化します．

$$f_i^{\mathbb{Q}}(\Delta y_i) = \frac{1}{\sqrt{2\pi \cdot \Delta t_i}} \mathrm{e}^{-\frac{(\Delta y_i)^2}{2 \cdot \Delta t_i}} \quad (i=1, \cdots, n) \tag{4.48}$$

（ステップ3）

尤度関数を，$\mathcal{Y}_n$ が実現する同時確率として与えます．【要素20】より，標準ブラウン運動の増分 Δy_i は独立です．したがって，$\mathcal{Y}_n$ の同時確率（密度関数）は，それぞれの密度関数 $\{f_1^{\mathbb{Q}}(\Delta y_1), \cdots, f_i^{\mathbb{Q}}(\Delta y_i), \cdots, f_n^{\mathbb{Q}}(\Delta y_n)\}$ の積となります．これを尤度関数として与えます．

$$\begin{aligned} \mathcal{L}^{\mathbb{Q}}(\Delta y_1, \cdots, \Delta y_n) &:= f_1^{\mathbb{Q}}(\Delta y_1) \times \cdots \times f_i^{\mathbb{Q}}(\Delta y_i) \times \cdots \times f_n^{\mathbb{Q}}(\Delta y_n) \\ &= \prod_{i=1}^{n} \frac{1}{\sqrt{2\pi \cdot \Delta t_i}} \mathrm{e}^{-\frac{(\Delta y_i)^2}{2 \cdot \Delta t_i}} \end{aligned} \tag{4.49}$$

(3) 条件3から導出されること

条件3より，確率 $\mathbb{P}$ の下での標準ブラウン運動の増分 Δx_i と，確率 $\mathbb{Q}$ の下での標準ブラウン運動の増分 Δy_i との間に次の関係が成立していることが必要です．

$$\Delta y_i = \Delta x_i + \gamma_{t_i} \cdot \Delta t_i \tag{4.50}$$

この式(4.50)を，式(4.49)に代入すれば，確率 $\mathbb{Q}$ の下での標準ブラウン運動の増分の尤度関数を書き直すことができます．

$$\mathcal{L}^{\mathbb{Q}}(\Delta y_1, \cdots, \Delta y_n) = \prod_{i=1}^{n} \frac{1}{\sqrt{2\pi \cdot \Delta t_i}} \mathrm{e}^{-\frac{(\Delta x_i + \gamma_{t_i} \cdot \Delta t_i)^2}{2 \cdot \Delta t_i}} \tag{4.51}$$

(4) 尤度化を求める

【要素44】より，確率 $\mathbb{P}$ から確率 $\mathbb{Q}$ へ変換するラドン・ニコディム微分は，式(4.51)による確率 $\mathbb{Q}$ の下での尤度関数 $\mathcal{L}^{\mathbb{Q}}(\Delta y_1, \cdots, \Delta y_n)$ と，式(4.47)による確率 $\mathbb{P}$ の下での尤度関数 $\mathcal{L}^{\mathbb{P}}(\Delta x_1, \cdots, \Delta x_n)$ との尤度比として与えられます．

$$\begin{aligned} \frac{d\mathbb{Q}}{d\mathbb{P}} &= \frac{\mathcal{L}^{\mathbb{Q}}(\Delta y_1, \cdots, \Delta y_n)}{\mathcal{L}^{\mathbb{P}}(\Delta x_1, \cdots, \Delta x_n)} = \frac{\prod_{i=1}^{n} \frac{1}{\sqrt{2\pi \cdot \Delta t_i}} \mathrm{e}^{-\frac{(\Delta x_i + \gamma_{t_i} \cdot \Delta t_i)^2}{2 \cdot \Delta t_i}}}{\prod_{i=1}^{n} \frac{1}{\sqrt{2\pi \cdot \Delta t_i}} \mathrm{e}^{-\frac{(\Delta x_i)^2}{2 \cdot \Delta t_i}}} \\ &= \prod_{i=1}^{n} \mathrm{e}^{-\frac{(\Delta x_i + \gamma_{t_i} \cdot \Delta t_i)^2}{2 \cdot \Delta t_i} + \frac{(\Delta x_i)^2}{2 \cdot \Delta t_i}} \end{aligned}$$

$$=\prod_{i=1}^{n} e^{-\frac{-(\Delta x_i)^2+(\Delta x_i)^2+2\cdot\gamma_{t_i}\cdot\Delta x_i\cdot\Delta t_i+(\gamma_{t_i}\cdot\Delta t_i)^2}{2\cdot\Delta t_i}}$$

$$=\prod_{i=1}^{n} e^{-\gamma_{t_i}\cdot\Delta x_i-\frac{(\gamma_{t_i})^2}{2}\cdot\Delta t_i} \tag{4.52}$$

両辺に対数をとります.

$$\log\left(\frac{d\mathbb{Q}}{d\mathbb{P}}\right)=\log\left(\prod_{i=1}^{n} e^{-\gamma_{t_i}\cdot\Delta x_i-\frac{(\gamma_{t_i})^2}{2}\cdot\Delta t_i}\right)=\sum_{i=1}^{n}\log\left(e^{-\gamma_{t_i}\cdot\Delta x_i-\frac{(\gamma_{t_i})^2}{2}\cdot\Delta t_i}\right)$$

$$=\sum_{i=1}^{n}\left(-\gamma_{t_i}\cdot\Delta x_i-\frac{(\gamma_{t_i})^2}{2}\cdot\Delta t_i\right)$$

$$=-\sum_{i=1}^{n}\gamma_{t_i}\cdot\Delta x_i-\sum_{i=1}^{n}\frac{(\gamma_{t_i})^2}{2}\cdot\Delta t_i \tag{4.53}$$

上式(4.53)の右辺について，$n\to\infty$の極限をとります．つまり，形式的に$\Delta t_i\to dt$として，$\Delta x_i=W_{t_i}-W_{t_{i-1}}\to dW_t$と置きます．また，$\gamma_{t_i}$についても$\gamma_t$と置きます．そのうえで，式(4.53)の右辺の第1項において，$i=1$からnまでに対応した，$\gamma_{t_1}\cdot\Delta x_1$から$\gamma_{t_n}\cdot\Delta x_n$までの和を，時点0から$T$までの確率積分$\int_0^T\gamma_t\cdot dW_t$に置き換えます．また，式(4.53)の右辺の第2項についても，$i=1$からnまでに対応した，$\frac{(\gamma_{t_1})^2}{2}\cdot\Delta t_1$から$\frac{(\gamma_{t_n})^2}{2}\cdot\Delta t_n$までの和を，時点0から$T$までの時間積分$\int_0^T\frac{(\gamma_t)^2}{2}\cdot dt$に置き換えます．以上より，式(4.53)右辺の$n\to\infty$の極限は次式のようになります．

$$\log\left(\frac{d\mathbb{Q}}{d\mathbb{P}}\right)\to-\int_0^T\gamma_t\cdot dW_t-\int_0^T\frac{(\gamma_t)^2}{2}\cdot dt \tag{4.54}$$

よって，対数関数の定義と性質(第1巻の【要素6】)より，確率$\mathbb{P}$から確率$\mathbb{Q}$へ変換するラドン・ニコディム微分は次式のように表すことができます．

$$\frac{d\mathbb{Q}}{d\mathbb{P}}=e^{-\int_0^T\gamma_t\cdot dW_t-\int_0^T\frac{(\gamma_t)^2}{2}dt} \tag{4.55}$$

この連続時間における測度変換に関する定理を次の要素にまとめます.

■　要素 47

Cameron-Martin-Maruyama-Girsanov の定理

W_tがオリジナルの確率$\mathbb{P}$の下で標準ブラウン運動であり，γ_tがある技術的な条件[2)]を満たす過程ならば，以下の条件を満たす確率$\mathbb{Q}$が存在します．

① 確率測度$\mathbb{Q}$は，確率測度$\mathbb{P}$と「同値(equivalent)」です．同値は，

互いに「絶対連続(absolutely contiuous)」であるともいいます.

② 確率測度$\mathbb{P}$から確率測度$\mathbb{Q}$への確率測度の変換を定義するラドン・ニコディム微分は，次に再掲する式(4.56)で与えられます.

$$\frac{d\mathbb{Q}}{d\mathbb{P}} = \mathrm{e}^{-\int_0^T \gamma_t \cdot dW_t - \int_0^T \frac{(\gamma_t)^2}{2} \cdot dt} \tag{4.56}$$

②’ 式(4.37)の幾何ブラウン運動に関するラドン・ニコディム微分は，式(4.56)においては，$\gamma_t \to \lambda$と置き換えたものとして与えられます.

$$\frac{d\mathbb{Q}}{d\mathbb{P}} = \mathrm{e}^{-\int_0^T \lambda \cdot dW_t - \int_0^T \frac{(\lambda)^2}{2} \cdot dt = -\lambda \cdot W_T - \frac{\lambda^2}{2} \cdot T} \tag{4.57}$$

③ 次式の$\tilde{W}_t$は，確率測度$\mathbb{Q}$の下で標準ブラウン運動となります.

- 微分形式

$$d\tilde{W}_t = dW_t + \gamma_t \cdot dt \tag{4.58}$$

- 積分形式

$$\tilde{W}_t = W_t + \int_0^t \gamma_u \cdot du \tag{4.59}$$

要素 47 ■

---

2) $E^{\mathbb{P}}\left[\mathrm{e}^{\frac{1}{2}\int_0^T (\gamma_t)^2 \cdot dt}\right] < \infty$と表される「Novikov 条件(Novikov’s condition)」が十分条件となります.

参考文献

Anderson, T.W. (2003)：*An introduction to multivariate statistical analysis*, 3rd Edition, John Wiley & Sons.

Ang, A. (2014a)："Factor Investing: A Systematic Approach to Asset Management," *Lecture Slides*, 2014, Columbia Business School.

Ang, A. (2014b)：*Asset Management: A Systematic Approach to Factor Investing*, Oxford University Press.（坂口雄作，浅岡泰史，角間和男，浦壁厚郎 監訳(2016)：『資産運用の本質―ファクター投資への体系的アプローチ―』，きんざい）

Baxter, M. and A. Rennie (1996)：*Financial Calculus：An Introduction to Derivative Pricing,* Cambridge University Press.（藤田岳彦，高岡浩一郎，塩谷匡介 訳(2001)：『デリバティブ価格理論入門：金融工学への確率解析』，シグマベイスキャピタル）

Campbell, J.Y., A.W. Lo and A.C. MacKinlay (1997)：*The econometrics of financial markets*, Princeton University Press.（祝迫得夫，大橋和彦，中村信弘，本多俊毅，和田賢治 訳(2003)：『ファイナンスのための計量分析』，共立出版）

Campbell, J.Y. and L.M. Viceira (2002)：*Strategic Asset Allocation: Portfolio Choice for Long-Term Investors*, Oxford University Press.（木島 正明 監訳，野村證券金融経済研究所 訳(2005)：『戦略的アセットアロケーション―長期投資のための資産配分の考え方―』，東洋経済新報社）

Campbell, J.Y. and L.M. Viceira (2004)：Long-Horizon Mean-Variance Analysis: A User Guide (URL: http://www.people.hbs.edu/lviceira/faj_cv_userguide.pdf)（アクセス日：2017/8/30）

Cox, J.C., S.A. Ross, and M. Rubinstein (1979)："Option pricing: A simplified approach," *Journal of Financial Economics*, 7(3), pp.229 ～ 263.

Cox, J.C., J.E. Ingersoll, and S.A. Ross (1985)："A Theory of the Term Structure of Interest Rates," *Econometrica*, 53(2), pp.385 ～ 408.

Diebold, F.X. (2004)："The Nobel Memorial Prize for Robert F. Engle," *Scandinavian Journal of Economics*, 106(2), pp.165 ～ 185.

Geltner, D. (1993)："Estimating market values from appraised values without assuming an efficient market," *Journal of Real Estate Research*, 8(3), pp.325 ～ 345.

Geman, H. (2005)：*Commodities and commodity derivatives: Modeling and pricing for agriculturals, metals and energy*, John Wiley & Sons.（野村證券・野村総合

参考文献

研究所事業リスク研究会 訳 (2007)：『コモディティ・ファイナンス』, 日経 BP 社)

Greene, W.H. (2012)：*Econometric Analysis*, 7th Edition, Prentice Hall.

Jorion, P. (2006)：*Value at Risk: The New Benchmark for Managing Financial Risk*, 3rd Ed., McGraw-Hill.

Konno, H., S.R. Pliska, and K. Suzuki (1993)："Optimal portfolios with asymptotic criteria," *Annals of Operations Research*, 45(1), pp.187 ~ 204.

Krokhmal, P., S. Uryasev, and J. Palmquist (2001)："Portfolio Optimization with Conditional Value-at-Risk Objective and Constraints," *Journal of Risk*, 4(2), pp.43 ~ 68.

Lucas, R.E. (1978)："Asset Prices in an Exchange Economy," *Econometrica*, 46(6), pp.1429 ~ 1445.

Luenberger, D.G. (1993)："A preference foundation for log mean-variance criteria in portfolio choice problems," *Journal of Economic Dynamics and Control*, 17 (5~6), pp.887 ~ 906.

Luenberger, D.G. (2013)：*Investment Science*, 2nd Ed., Oxford University Press. (今野浩, 鈴木賢一, 枇々木規雄 訳(2015)：『金融工学入門 第 2 版』, 日本経済新聞出版社)

MacLean, L.C., E.O. Thorp and W.T. Ziemba, Ed. (2011)：*The Kelly Capital Growth Investment Criterion: Theory and Practice*, World Scientific Publishing.

Merton, R.C. (1974)："On the Pricing of Corporate Debt: The Risk Structure of Interest Rates," *Journal of Finance*, 29(2), pp.449 ~ 470.

Metrick, A. (1995)："A Natural Experiment in "Jeopardy!"," *American Economic Review*, 85(1), pp.240 ~ 253.

Mishkin, F.S. (2012)：*The economics of money, banking & financial markets*, 10th Ed. (Pearson Series in Economics), Pearson.

Palepu, K.G., V.L. Bernard and P.M. Healy (1996)：*Introduction to Business Analysis & Valuation*, South-Western College Publishing. (斎藤静樹 監訳, 筒井知彦, 川本淳, 村瀬安紀子 訳 (1999)：『企業分析入門』, 東京大学出版会)

Poterba, J.M. and L.H. Summers (1988)："Mean reversion in stock prices: Evidence and implications," *Journal of Financial Economics*, 22(1), pp.27 ~ 59.

Rubinstein, M. (1998)：*Derivatives: A PowerPlus Picture Book*, In-The-Money.

Samuelson, P.A. (1969)："Lifetime Portfolio Selection By Dynamic Stochastic Programming," *Review of Economics and Statistics*, 51(3), pp.239 ~ 246.

Samuelson, P.A. (1973)："Proof That Properly Discounted Present Values of Assets Vibrate Randomly," *Bell Journal of Economics and Management Science*, 4(2),

pp.369 ~ 374.
Schwartz, E.S. and M. Moon (2000) : "Rational pricing of internet companies," *Financial Analysts Journal*, 56(3), pp.62 ~ 75.
Schwartz, E.S. and M. Moon (2001) : "Rational pricing of internet companies revisited," *Financial Review*, 36(4), pp.7 ~ 26.
Sharpe, W.F. (1992) : "Asset Allocation: Management Style and Performance Measurement," *Journal of Portfolio Management*, 18(2), pp.7 ~ 19.
Stoyanov, S.V., S.T. Rachev and F.J. Fabozzi (2007) : "Optimal Financial Portfolios," *Applied Mathematical Finance*, 14(5), pp.401 ~ 436.
Thaler, R.H. (Editor) (2005) : *Advances in Behavioral Finance Vol. II* (Roundtable Series in Behavioral Economics), Princeton University Press.
Vasicek, O. (1977) : "An equilibrium characterization of the term structure," *Journal of Financial Economics*, 5(2), pp.177 ~ 188.
von Neumann, J. and O. Morgenstern (1944) : *Theory of Games and Economic Behavior*, Princeton University Press.
Wilmott, P. (2009) : *Frequently Asked Questions in Quantitative Finance*, 2nd Ed., John Wiley & Sons.
石島博 (2008) :『バリュエーション・マップ —企業価値評価の科学と演習—』, 東洋経済新報社
石島博 (2015) :『ファイナンスの理論と応用 1 —資産運用と価格評価の要素—』, 日科技連出版社
石島博 (2016) :『ファイナンスの理論と応用 2 —正規分布で解く資産の動的評価—』, 日科技連出版社
乾孝治, 室町幸雄 (2000) :『金融モデルにおける推定と最適化』, 朝倉書店
大屋幸輔 (2011) :『コア・テキスト統計学　第 2 版』, 新世社
大屋幸輔, 各務和彦(2012) :『基本演習 統計学』, 新世社
沖本竜義 (2010) :『経済・ファイナンスデータの計量時系列分析』, 朝倉書店
筬島靖文 (2011) :「数理ファイナンスと実務への応用 : Volatility Smile モデル」,『2011 年度年会(早稲田大学)・企画特別講演概要』, 日本数学会(URL: http://mathsoc.jp/meeting/kikaku/2011haru/abstract/MSJMEETING-2011-03-00-02-0002.pdf) (アクセス日 : 2017/8/30)
中妻照雄 (2007) :『入門ベイズ統計学』, 朝倉書店
中妻照雄 (2013) :『実践ベイズ統計学』, 朝倉書店
宮崎浩一 (2009) :『オプション市場分析への招待』, 朝倉書店

索　引

［英数字］

［ア　行］

◆著者紹介

石島　博（いしじま　ひろし）

中央大学大学院国際会計研究科 教授.

1971年生まれ. 東京工業大学大学院社会理工学研究科経営工学専攻博士課程修了(1999年, 博士(工学)).

慶應義塾大学湘南藤沢キャンパス総合政策学部(専任講師), 早稲田大学日本橋キャンパスファイナンス研究センター(助教授), 大阪大学金融・保険教育研究センター(特任助教授)を経て現職.

コロンビア大学ビジネススクール日本経済経営研究所客員研究員(2013年9月～2014年8月).

専門はファイナンス理論および金融工学. 特に, 動的ポートフォリオ選択理論, 企業分析と評価, 資産価格評価理論, 不動産ファイナンス, センチメント分析. 主に学術論文を執筆. 著書に『バリュエーション・マップ　企業価値評価の科学と演習』(2008年, 東洋経済新報社), 『ファイナンスの理論と応用1―資産運用と価格評価の要素―』(2015年, 日科技連出版社), 『ファイナンスの理論と応用2―正規分布で解く資産の動的評価―』(2016年, 日科技連出版社).

JAFEE(日本金融・証券計量・工学学会, 理事・評議員, 英文誌 Associate Editor), JAREFE(日本不動産金融工学学会, 代議員・理事), 情報処理学会(数理モデル化と問題解決(MPS)研究会), 日本オペレーションズ・リサーチ学会, 日本経済政策学会, 日本ファイナンス学会, 日本経営財務研究学会などの正会員.

詳細はExcelファイルダウンロード等のサポートを行う筆者Webページ(http://www.ilabfe.jp)を参照.

ファイナンスの理論と応用3
―資産価格モデルの展開―

2017年9月29日　第1刷発行

著　者　石島　　博
発行人　田中　　健

検印省略

発行所　株式会社　日科技連出版社
〒151-0051　東京都渋谷区千駄ヶ谷5-15-5
DSビル
電話　出版　03-5379-1244
営業　03-5379-1238

Printed in Japan
印刷・製本　三　秀　舎

ISBN 978-4-8171-9626-2

URL　http://www.juse-p.co.jp/